高等职业教育新形态系列教材

金 工 实 训

主　编　孔　茗
副主编　罗平尔　丁倩倩　丁云鹏
参　编　黄华栋　惠震霖　谈正秋　张　良

U0366932

机械工业出版社

本书是普通机械加工理论和实训相结合的教材，介绍了常用三种机械加工形式的基础知识、基本操作以及综合机构零部件加工与装配调试。

本书的主要内容包括基本技能训练篇和综合实战篇。基本技能训练篇分为车削加工认识与操作、铣削加工认识与操作、钳工认识与操作 3 个项目，综合实战篇分为曲柄滑块机构的加工与调试、旋动凸轮机构的加工与调试 2 个项目。

本书可作为高等职业院校机械制造及自动化、数控技术、模具设计与制造等机电类专业教材，也可以作为机械加工岗位培训教材。

本书配有电子教案，使用本书作为教材的老师可以登录机械工业出版社教育服务网（http://www.cmpedu.com）免费下载。咨询电话 010-88379375。

图书在版编目（CIP）数据

金工实训/孔茗主编. —北京：机械工业出版社，2024.2（2024.8 重印）

高等职业教育新形态系列教材

ISBN 978-7-111-74564-8

Ⅰ.①金… Ⅱ.①孔… Ⅲ.①金属加工-实习-高等职业教育-教材 Ⅳ.①TG-45

中国国家版本馆 CIP 数据核字（2024）第 009235 号

机械工业出版社（北京市百万庄大街 22 号 邮政编码 100037）
策划编辑：薛 礼　　　　责任编辑：薛 礼 章承林
责任校对：韩佳欣 刘雅娜　　封面设计：王 旭
责任印制：张 博
北京建宏印刷有限公司印刷
2024 年 8 月第 1 版第 2 次印刷
184mm×260mm · 10.5 印张 · 254 千字
标准书号：ISBN 978-7-111-74564-8
定价：35.00 元

电话服务　　　　　　　　网络服务
客服电话：010-88361066　　机 工 官 网：www.cmpbook.com
　　　　　010-88379833　　机 工 官 博：weibo.com/cmp1952
　　　　　010-68326294　　金 书 网：www.golden-book.com
封底无防伪标均为盗版　　机工教育服务网：www.cmpedu.com

前言 PREFACE

党的二十大报告指出，全面贯彻党的教育方针，落实立德树人根本任务，培养德智体美劳全面发展的社会主义建设者和接班人；深化教育领域综合改革，加强教材建设和管理，完善学校管理和教育评价体系，健全学校家庭社会育人机制。本书注重培养学生树立中国特色社会主义核心价值观与工匠精神，掌握基础的机械加工技能，建立产品的质量意识、环保意识，培养良好的职业素养。

本书分为基本技能训练篇和综合实战篇。基本技能训练篇分为车削加工认识与操作、铣削加工认识与操作、钳工认识与操作3个项目；综合实战篇分为曲柄滑块机构的加工与调试、旋动凸轮机构的加工与调试2个项目。

本书具有以下特点：

1）采用项目引领型课程为主体结构，以任务驱动，按照实际工作任务、工作过程和工作情境组织课程。以工作任务为中心来整合相应的知识、技能，实现理论与实践相结合，为学生提供完整工作过程的学习体验。

2）依据近几年国赛试题，结合"1+X"数控车铣综合认证训练项目，设计贴近企业标准的案例。

3）设计综合训练项目，将钳工、车工和铣工的教学与加工融合到一个项目中。

本书由苏州工业职业技术学院孔茗任主编，罗平尔、丁倩倩、丁云鹏担任副主编，黄华栋、惠震霖、谈正秋、苏州良裕科技有限公司张良参与了本书编写。项目1车削加工认识与操作由罗平尔、黄华栋、惠震霖编写，项目2铣削加工认识与操作由孔茗、丁倩倩编写，项目3钳工认识与操作由丁倩倩、谈正秋编写，项目4曲柄滑块机构的加工与调试由孔茗、丁云鹏、张良编写，项目5旋动凸轮机构的加工与调试由孔茗、罗平尔编写。孔茗负责全书的统筹工作，罗平尔负责全书的校对工作。

本书的编写得到了苏州良裕科技有限公司的大力支持和帮助，企业专家张良还参与了综合实战篇中部分内容的编写工作，在此，对专家的辛勤付出表示诚挚的感谢！

由于编者的水平有限，书中难免存在错误和不妥之处，恳请读者批评指正。

编　者

二维码索引

名称	二维码	页码	名称	二维码	页码
车削加工设备认识与操作		4	铣削加工夹具认识与操作		44
车床润滑保养认识与操作		10	铣削加工量具认识与操作		49
车削加工刀具认识与操作		14	镇纸加工		53
车削加工夹具认识与操作		19	钳工工具认识与操作		59
车削加工量具认识与操作		22	划线认识与操作		65
台阶短轴加工		26	锯削认识与操作		70
铣削加工设备认识与操作		35	锉削认识与操作		74
铣床润滑保养认识与操作		38	钻孔认识与操作		78
铣削加工刀具认识与操作		41	攻螺纹与套螺纹认识与操作		83

（续）

名称	二维码	页码	名称	二维码	页码
锤子锤头加工		89	曲柄滑块机构装配与调试		128
手柄加工与检测		98	底座加工与检测		133
立柱加工与检测		102	旋动轴加工与检测		137
滑块加工与检测		106	顶杆架加工与检测		140
滑槽加工与检测		109	顶杆加工与检测		144
基板加工与检测		113	三角凸轮加工与检测		147
立板加工与检测		117	支柱加工与检测		151
连杆加工与检测		121	旋动凸轮机构装配与调试		155
曲柄加工与检测		125			

目录 CONTENTS

前言

二维码索引

基本技能训练篇

项目1 车削加工认识与操作 2

任务 1.1 车削加工设备认识与操作 4

任务 1.2 车床润滑保养认识与操作 10

任务 1.3 车削加工刀具认识与操作 14

任务 1.4 车削加工夹具认识与操作 19

任务 1.5 车削加工量具认识与操作 22

任务 1.6 台阶短轴加工 26

项目2 铣削加工认识与操作 33

任务 2.1 铣削加工设备认识与操作 35

任务 2.2 铣床润滑保养认识与操作 38

任务 2.3 铣削加工刀具认识与操作 41

任务 2.4 铣削加工夹具认识与操作 44

任务 2.5 铣削加工量具认识与操作 49

任务 2.6 镇纸加工 53

项目3 钳工认识与操作 58

任务 3.1 钳工工具认识与操作 59

任务 3.2 划线认识与操作 65

任务 3.3 锯削认识与操作 70

任务 3.4 锉削认识与操作 74

任务 3.5 钻孔认识与操作 78

任务 3.6 攻螺纹与套螺纹认识与操作 83

任务 3.7 锤子锤头加工 89

综合实战篇

项目 4 曲柄滑块机构的加工与调试 97

任务 4.1 手柄加工与检测 98

任务 4.2 立柱加工与检测 102

任务 4.3 滑块加工与检测 106

任务 4.4 滑槽加工与检测 109

任务 4.5 基板加工与检测 113

任务 4.6 立板加工与检测 117

任务 4.7 连杆加工与检测 121

任务 4.8 曲柄加工与检测 125

任务 4.9 曲柄滑块机构装配与调试 128

项目 5 旋动凸轮机构的加工与调试 132

任务 5.1 底座加工与检测 133

任务 5.2 旋动轴加工与检测 137

任务 5.3 顶杆架加工与检测 140

任务 5.4 顶杆加工与检测 144

任务 5.5 三角凸轮加工与检测 147

任务 5.6 支柱加工与检测 151

任务 5.7 旋动凸轮机构装配与调试 155

参考文献 158

基本技能训练篇

项目1
PROJECT 1
车削加工认识与操作

注意事项与工作提示：

　　保持安全、文明生产是车削加工中的基本要求，是防止人员伤亡或设备事故的根本保障。它直接涉及人身安全、产品质量和经济效益，影响设备和工、夹、量具的使用寿命，以及生产工人技术水平的正常发挥。在学习掌握操作技能的同时，务必养成良好的安全、文明生产习惯，对于从长期生产活动中总结出的教训和实践经验，必须认真领会和借鉴。

　　1. 车床安全操作规程

　　1）操作前要穿好防护服，袖口扣紧，上衣下摆不能敞开，严禁戴手套，不得在开动的机床旁穿、脱衣服，以防止被机器绞伤。长头发人员必须戴好安全帽，辫子应放入帽内，不得穿裙子、拖鞋。要戴好防护镜，以防切屑飞溅伤眼。

　　2）车床开动前，必须按照安全操作的要求，认真仔细检查机床各部件和防护装置是否完好、安全可靠，加润滑油润滑机床，并做低速空载运行 3min 左右，检查机床运转是否正常。

　　3）装卸卡盘和大的工件或工具时，要检查周围有无障碍物，垫好木板，以保护床面，工件及工具的装夹要紧固、平衡，以防工件或工具从夹具中飞出，卡盘扳手、套筒扳手要在夹紧工件后就顺手取下，禁止在未取状态下起动车床。

　　4）工作时必须侧身站在操作位置，禁止身体正面对着正在加工的工件。

　　5）车床运转时，严禁戴手套操作；严禁用手触摸车床的旋转部分；严禁在车床运转中隔着车床递送物件。装卸工件、安装刀具、加润滑油以及打扫切屑时均应在停止车床运转后进行。清除切屑时应使用刷子或钩子，禁止用手清理。

　　6）车床运转时，不准测量工件，不准用手制动转动的卡盘；用砂纸时，应包裹在锉刀上，严禁戴手套用砂纸操作，磨破的砂纸不准使用；不准使用无柄锉刀，不得用正反转制动停车，应经中间制动过程。

7）加工工件时应按车床技术要求选择切削用量，以免车床过载造成意外事故。

8）加工过程中，停车时应将车刀退出。切削长轴类工件须使用中心架，以防工件弯曲变形伤人；伸入床头的棒料长度不得超过床头立轴之外，并慢车加工，伸出时应注意防护。

9）高速切削时，应有防护罩，工件、刀具的固定要牢固，当切屑飞溅严重时，应在车床周围安装挡板使之与操作区隔离。

10）高速切削时，可以使用切削液，以免刀具和工件烧坏。切削液对人的皮肤有刺激作用，经常接触会引起皮疹或感染，应尽量少接触，如果无法避免，接触后须尽快清洗。

11）车床运转时，操作者不能离开车床，发现车床运转不正常时，应立即停车，请维修工检查维修。当突然停电时，要立即关闭车床，并将刀具退出工作部位。

12）工作结束时，应切断车床电源或总电源，将刀具和工件从工作部位退出，清理安放好所使用的工具、夹具、量具，并清扫车床，注油保养。

2. 车削时的文明生产

（1）起动车床前应做的工作

1）检查车床各部分机构及防护设备是否完好。

2）检查车床各手柄是否正常，其空档或原始位置是否正确。

3）检查各注油孔，并对需要润滑的部位进行润滑。

4）使主轴低速空转 2~3min，待车床运转正常后才能进行操作加工。

（2）操作过程中的安全规范要求

1）主轴变速前必须停机，除车削螺纹外，不能用丝杠进行机动进给。

2）工具箱中的工具应摆放整齐、稳妥、合理，便于操作时取用，用完后应放回原处，主轴箱盖上禁止放置任何物品。

3）正确使用和爱护量具，量具使用后要擦净、涂油，放入量具盒内。所使用的量具要定期校验，以保证其度量准确。

4）不允许在自定心卡盘及床身上敲击或找正工件，床身上不准放置工具或工件。装夹、找正较重的工件时，应在床身上垫放面板，以免工件砸坏床身。

5）车刀磨损后应及时更换或刃磨，不允许用钝车刀继续车削，以免增加车床负荷或损坏车床，影响工件表面的加工质量和生产率。

6）批量加工零件时，首件要送检，在确认合格后方可继续加工。精车好的工件要进行防锈处理。

7）毛坯、半成品和成品应分开放置，严禁用硬物碰撞已加工表面。

8）使用切削液前，应在床身导轨上涂润滑油，切削液要定期更换。

9）工作场地周围要保持清洁，禁止堆放杂物，防止磕绊。

（3）结束操作时应做的工作

1）关闭车床电气系统和切断电源。

2）清理车床，清除切屑，擦净车床各部位的油污，按保养规定加注润滑油。

3）将床鞍摇到床尾一端，各车床手柄调到空档位置。

4）将所用过的物件清洁归位。

5）打扫干净工作场地。

任务 1.1　车削加工设备认识与操作

一、任务目标

【知识目标】

1）了解车削的加工范围。
2）了解常用卧式车床的种类、结构、特点。
3）了解常用卧式车床的运行方式。

【能力目标】

1）掌握车床主轴转速的调整。
2）掌握车床进给量的调整。
3）掌握车床刀架的手动进给操作。
4）掌握车床刀架的自动进给操作。

【素养目标】

1）培养学生人身安全、设备安全的意识。
2）培养学生环保的意识。
3）培养学生严谨细致的工作态度。
4）培养学生吃苦耐劳的工作作风。
5）培养学生团队协作的能力。

二、车床简介

车削一般指工件旋转，车刀在平面内做直线或曲线移动的切削加工。车削加工的设备称为车床。

1. 车削加工设备介绍

车床是主要用车刀对旋转的工件进行车削加工的机床，卧式车床如图 1-1 所示。

图 1-1　卧式车床

车床的功用是对各种大小、形状不同的旋转表面，以及螺旋表面进行切削加工。在车床上还可用钻头、扩孔钻、铰刀、丝锥、板牙和滚花工具等进行相应的加工，如图1-2所示。

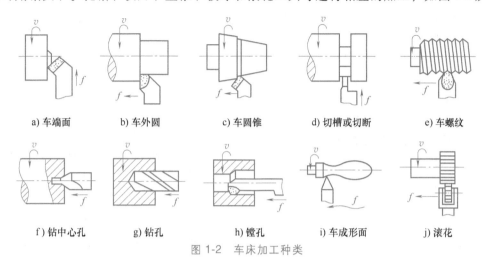

a) 车端面　　b) 车外圆　　c) 车圆锥　　d) 切槽或切断　　e) 车螺纹

f) 钻中心孔　　g) 钻孔　　h) 镗孔　　i) 车成形面　　j) 滚花

图 1-2　车床加工种类

车床种类繁多，其中以 CA6140 型卧式车床最为典型，下面的内容都是以该型号车床展开的。

2. CA6140 型卧式车床的基本结构

CA6140 型卧式车床外形结构如图 1-3 所示。

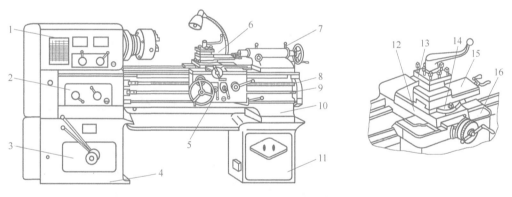

图 1-3　CA6140 型卧式车床外形结构

1—主轴箱　2—进给箱　3—变速箱　4—前床脚　5—溜板箱　6—刀架　7—尾座　8—丝杠　9—光杠
10—床身　11—后床脚　12—中刀架　13—方刀架　14—转盘　15—小刀架　16—大刀架

（1）床身　床身用来支承和连接其他部件。床身上有导轨，床鞍与尾座可沿导轨移动。

（2）床脚　床脚固定在地基上，用于支承床身，内部安装有电动机和电器控制板等附件。

（3）刀架　刀架固定在小拖板上，用以夹持车刀，一般的方刀架上可同时安装四把车刀。刀架上有锁紧手柄，松开锁紧手柄即可转动刀架以选择车刀或调整刀杆的工作角度。

（4）尾座　尾座用以安装顶尖、钻头、铰刀等。尾座的结构如图1-4所示。

（5）主轴箱　主轴箱用于支承主轴，箱内有多组齿轮变速机构，以实现机械的啮合传动，从而使主轴做多种速度的旋转运动，以满足不同加工的转速需求。

（6）进给箱　进给箱内安装进给运动的变速齿轮，用以传递进给运动和调整进给量及螺距。进给箱的运动通过光杠或丝杠传给溜板箱，光杠可使车刀车出圆柱、圆锥面、端面和台阶。丝杠用来加工螺纹。

（7）溜板箱　溜板箱与刀架相连，可以使光杠传来的旋转运动变为车刀的纵向或横向直线移动，也可将丝杠传来的旋转运动通过对开螺母直接变为车刀的纵向移动以车削螺纹。光杠和丝杠将进给箱的运动传给溜板箱，车外圆、车端面等自动进给时使用光杠传动，车螺纹时使用丝杠传动。

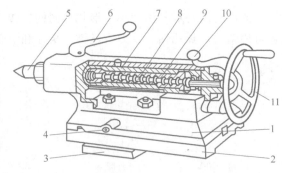

图 1-4　尾座的结构

1—座体　2—底座　3—压板　4—螺钉　5—顶尖
6—套筒锁紧手柄　7—套筒　8—丝杠　9—丝杠螺母
10—尾座锁紧手柄　11—手轮

3. CA6140 型卧式车床的主要技术参数

CA6140 型卧式车床通用性好，结构先进，操作方便，精度较高。CA6140 型卧式车床的主要技术参数见表 1-1。

表 1-1　CA6140 型卧式车床的主要技术参数

主要技术参数	种类	技术参数值
床身上最大工件回转直径 D	1	$D = 400\text{mm}$
刀架上最大工件回转直径 D_1	1	$D_1 = 210\text{mm}$
中心高 H（主轴中心至床身平面导轨的距离）	1	$H = 205\text{mm}$
最大工件长度	4	750mm，1000mm，1500mm，2000mm
最大车削长度	4	650mm，900mm，1400mm，1900mm
小滑板最大车削长度	1	140mm
尾座套筒的最大移动长度	1	150mm
尾座套筒锥孔	1	莫氏 5 号
主轴前端锥度	1	莫氏 6 号
主轴转速	正转（24 级）	$10 \sim 1400\text{r/min}$
	反转（12 级）	$14 \sim 1580\text{r/min}$
车削螺纹的范围	米制螺纹（44 种）	$1 \sim 192\text{mm}$
	寸制螺纹（20 种）	2～24 牙/in
车削蜗杆的范围	米制蜗杆（39 种）	$0.25 \sim 48\text{mm}$
	寸制蜗杆（37 种）	1～96 牙/in
机动进给量	纵向进给量（64 种）	$0.028 \sim 6.33\text{mm/r}$
	横向进给量（64 种）	$0.014 \sim 3.16\text{mm/r}$
快速移动速度	纵向快移速度	4m/min
	横向快移速度	2m/min
主电动机	主电动机功率	7.5kW
	主电动机转速	1450r/min
冷却液压泵流量		25L/min
刀柄截面尺寸		25mm×25mm
丝杠螺距		12mm

（续）

主要技术参数	种类	技术参数值
机床工作精度	精车外圆的圆度	0.009mm
	精车外圆的圆柱度	0.027mm/300mm
	精车端面的平面度	0.019mm/φ300mm
	精车螺纹的螺距精度	0.04mm/100mm 0.06mm/300mm
	精车表面粗糙度 Ra 值	0.8~1.6μm

注：1in＝25.4mm。

三、车床操作

1. 开车前检查

1）检查各部位电气设施，手柄、传动部位、防护和限位装置应齐全可靠、灵活。

2）各档位应在零位，传动带松紧应符合要求。

3）导轨面不准直接存放金属物件，以免损坏导轨面。

2. 具体操作

1）必须进行空机试运转，先起动润滑油泵，使油压达到车床的规定，方可开动。

2）车床溜板箱可以沿轴向、径向两个方向移动。

3）车床有手动进给与机动进给，能满足不同的加工要求。

3. 停车关机

1）切断电源。

2）各部位手柄归零位，清点工具，打扫清洁。

3）检查各保护装置情况。

四、技能训练

熟悉车床基本操作，完成卧式车床基本操作练习。

五、专业拓展

机床型号能表示出机床的名称、主要技术参数、性能和结构特点。机床型号由汉语拼音字母及阿拉伯数字组成。机床型号的标注形式为机床的分类代号＋特性代号＋组、系代号＋主参数＋结构的改进顺序代号。

1. 机床的分类代号

按照机床的工作原理、机构性能及使用范围，一般将机床分为 11 类。其中，车床型号用车床的"车"字的汉语拼音（大写）第一个字母"C"表示。机床分类和代号见表1-2。

表 1-2　机床分类和代号

类别	车床	钻床	镗床	磨床			齿轮加工机床	螺纹加工机床	铣床	刨插床	拉床	锯床	其他机床
代号	C	Z	T	M	2M	3M	Y	S	X	B	L	G	Q
读音	车	钻	镗	磨	二磨	三磨	牙	丝	铣	刨	拉	割	其

2. 机床的特性代号

机床的特性代号包括通用特性代号和结构特性代号，均用大写的汉语拼音字母表示，位于类代号之后。

（1）通用特性代号 通用特性代号没有统一的固定含义，它在各类机床的型号中表示的意义相同。当某类型机床除有普通型外，还有下列某种通用特性时，则在类代号之后加通用特性代号予以区分。机床的通用特性代号见表1-3。

表1-3 机床的通用特性代号

通用特性	高精密	精密	自动	半自动	数控	加工中心（自动换刀）	仿形	轻型	加重型	柔性加工单元	数显	高速
代号	G	M	Z	B	K	H	F	Q	C	R	X	S
读音	高	密	自	半	控	换	仿	轻	重	柔	显	速

（2）结构特性代号 对主参数值相同而结构、性能不同的机床，在型号中加结构特性代号予以区分。结构特性代号与通用特性代号不同，它在型号中没有统一的含义，只在同类机床中起区分机床结构、性能不同的作用。当型号中有通用特性代号时，结构特性代号应排在通用特性代号之后。结构特性代号用汉语拼音字母（通用特性代号已用的字母和"I""O"两个字母不能用）表示，当单个字母不够用时，可将两个字母组合起来使用，如AD、AE、DA、EA等。机床的结构特性代号见表1-4。

表1-4 机床的结构特性代号

规定		字母数量	字母
不能用的字母	通用特性代号已用过的	12个	G、M、Z、B、K、H、F、Q、C、R、X和S
	易和数字混淆的	2个	I、O
能用的字母	单个字母		A、D、E、J、L、N、P、T、U、V、W和Y等
	字母组合		AD、AE、DA、EA等

3. 机床组、系代号

国家标准规定，将每类机床划分为10个组，每个组又划分为10个系。机床的组代号用一位阿拉伯数字表示，位于类代号和特性代号之后。机床的系代号用一位阿拉伯数字表示，位于组代号之后。车床的组划分见表1-5，落地及卧式车床的系划分见表1-6。

表1-5 车床的组划分

组代号	名称	组代号	名称
0	仪表小型车床	5	立式车床
1	单轴自动车床	6	落地及卧式车床
2	多轴自动、半自动车床	7	仿形及多刀车床
3	回转、转塔车床	8	轮、轴、辊、锭及铲齿车床
4	曲轴及凸轮轴车床	9	其他车床

表1-6 落地及卧式车床的系划分

系代号	0	1	2	3	4	5	6
名称	落地车床	卧式车床	马鞍车床	轴车床	卡盘车床	球面车床	主轴箱移动型卡盘车床

4. 车床主参数

车床的主参数是车床的重要技术规格，常用折算值表示，是选择机床的首要依据，常用车床主参数及折算系数见表 1-7。

表 1-7　常用车床主参数及折算系数

车床	主参数及折算系数		第二主参数
	主参数	折算系数	
多轴自动车床	最大棒料直径	1	轴数
回轮车床	最大棒料直径	1	
转塔车床	最大车削直径	1/10	
单柱及双柱立式车床	最大车削直径	1/100	
卧式车床	床身上最大回转直径	1/10	最大工件长度
铲齿车床	最大工件直径	1/10	最大模数

5. 车床重大改进顺序号

当对车床的结构、性能有更高的要求，并需按新产品重新设计、试制和鉴定时，才按改进的先后顺序选用 A、B、C 等汉语拼音字母（但"I""O"两个字母不得选用），加在型号基本部分的尾部，以区别原机床型号。

例如，CM6132-A。其中 C 表示车床类，M 表示车床为精密型，6 表示落地及卧式车床，1 表示卧式车床，32 表示加工工件最大回转直径为 320mm，A 表示为第一次重大改进。

六、延伸阅读

中国是世界上机械发展最早的国家之一。中国古代在机械方面有许多发明创造，在动力的利用和机械结构的设计上都有自己的特色。许多专用机械的设计和应用均有独到之处，如指南车、地动仪和被中香炉等。古代金属冶铸技术发明时间较早，且技术精湛。如商周的青铜器朴质雄浑，春秋的青铜器纤细精巧，形成了中国古代青铜器的独特风格。

在距今 40 万~50 万年前，中国就已出现加工粗糙的刮削器、砍砸器和三棱形尖状器等原始工具。4 万~5 万年前出现磨制技术，许多石器已比较光滑，刃部也较锋利，并有单刃、双刃、凸刃、凹刃和圆刃之分。2.8 万年前出现弓箭，这是机械方面最早的一项发明。公元前 8000~公元前 2800 年期间出现了陶轮（制陶用转台）。农具出现在公元前 6000~公元前 5000 年，除石斧、石刀外，还有石锄、石铲、石镰、蚌镰、骨镰和骨耜。石斧和石刀上已有用硬质砂子磨削而成的孔。

谈古论今说机械，了解机械的发展史可为造就更多的现代工匠打下坚实的基础，学习前人的智慧与创造，继承和发扬前人们的工匠精神，以更好地适应和赶超现代机械技能与智能文明！

中国古代工匠宗师——有巢氏：是中国第一位建筑师，史传为人类原始巢居的发明者和巢居文明的开拓者。顾名思义，"有巢"就是人们要有地方住，是教人们不再住在地面上，在树上用树枝、树叶建造出简陋的篷盖作为示范，这就是原始的房屋了。自此以后，文化便逐渐发达，人民也逐渐团结起来，而与定居为伴的农耕文明也开始发展起来，从此揭开了华夏民族以耕种为特色的农耕文化长卷。

有巢氏还是华夏民族最早的服装设计师，《鉴略·三皇纪》记载："有巢氏以出，食果始为粮。构木为巢室，袭叶为衣裳。"明代罗颀《物原·衣原第十一》就有："有巢始衣皮"的记载，以上记载是说有巢氏最早教民用树叶、动物毛皮做成衣服，服装文化史可以看作由此发端，意味着有巢氏为人类文明的领航者。

任务 1.2 车床润滑保养认识与操作

一、任务目标

【知识目标】

1）了解车床的润滑知识。
2）了解车床的保养知识。

【能力目标】

1）能完成车床的润滑。
2）能完成车床的保养。

【素养目标】

1）培养学生人身安全、设备安全的意识。
2）培养学生环保的意识。
3）培养学生严谨细致的工作态度。
4）培养学生吃苦耐劳的工作作风。
5）培养学生团队协作的能力。

二、车床润滑与保养简介

1. 车床的润滑

车床的常用润滑方式有以下几种：

（1）浇油润滑 浇油润滑通常用于外露的润滑表面，如卧式车床床身导轨面和滑板导轨面等，一般用油壶进行浇注。

（2）溅油润滑 溅油润滑通常用于密封的箱体中，如卧式车床主轴箱，它利用齿轮转动把润滑油溅到油槽中，然后输送到各处进行润滑。

（3）油绳导油润滑 油绳导油润滑通常用于进给箱和溜板箱的油池中，它利用毛绳吸油和渗油的能力，把润滑油慢慢地引到所需要的润滑处。

（4）弹子油杯润滑 弹子油杯润滑通常用于尾座和滑板手柄转动的轴承处。注油时，以油嘴把弹子按下,滴入润滑油,使用弹子油杯的目的是防尘防屑。

(5) 润滑脂润滑 润滑脂润滑通常用于机床交换齿轮架的中间轴。使用时,先在油脂杯中装满工业润滑脂,当拧进杯盖时,润滑脂就挤进轴承套内,此方式比加机油方便。使用润滑脂润滑的另一特点是存油期长,不需要每天加油。

(6) 液压泵输油润滑 液压泵输油润滑通常用于转速高、润滑油需要量大、连续强制润滑的机构中。如车床主轴箱一般都采用液压泵输油润滑。

卧式车床的几种常用润滑方式如图1-5所示。

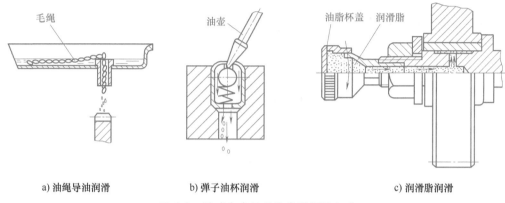

a) 油绳导油润滑   b) 弹子油杯润滑   c) 润滑脂润滑

图 1-5 卧式车床的几种常用润滑方式

2. 车床的保养

为了保证车床加工精度,延长使用寿命,保证加工质量,提高生产率,车工除了能熟练操作车床外,还必须学会对车床进行合理的维护和保养。CA6140型卧式车床保养内容如下。

(1) 外保养

1) 清洗机床外表及各罩盖。

2) 清洗丝杠、光杠和操纵杆。

3) 检查并补齐螺钉等。

(2) 主轴箱保养

1) 清洗过滤器和油箱。

2) 检查主轴,并检查螺母有无松动。

3) 调整摩擦片间隙及制动器。

(3) 溜板部位的保养

1) 清洗刀架。

2) 调整中、小滑板镶条间隙。

3) 清洗并调整中、小滑板丝杠螺母间隙。

(4) 交换齿轮箱的保养

1) 清洗齿轮、轴套并注入新油脂。

2) 调整齿轮啮合间隙。

3) 检查轴套有无晃动现象。

(5) 润滑系统保养

1）清洗冷却泵、过滤器、盛液盘。

2）清洗油绳、油毡，保证油孔、油路清洁畅通。

3）检查油质是否良好。

（6）电气部分保养

1）清扫电动机、电气箱。

2）电气装置应固定，并清洁整齐。

三、车床润滑与保养操作

一般车床润滑与保养的基本内容与要求见表 1-8。

表 1-8　一般车床润滑与保养的基本内容与要求

序号	部位	基本内容与要求
1	车床外部	1）车床各外表面、死角及防护罩内外都必须擦洗干净，保证无锈蚀、无油垢 2）清洗车床附件并上油 3）检查外部有无缺件，如螺钉、手柄等 4）清洗丝杠及滑动部位并上油
2	车床传动部分	1）修去导轨面的毛刺，清洗塞铁（镶条）并调整其松紧 2）对丝杠与螺母之间的间隙、丝杠两端轴承间隙进行适当调整 3）用 V 带传动的，应擦干净 V 带并做调整
3	车床冷却系统	1）清洗过滤网和切削液槽，要求无切屑、杂物 2）根据情况及时更换切削液
4	车床润滑系统	1）使油路畅通无阻，清洗油毡（不能留有切屑），油窗要明亮 2）检查手动油泵的工作情况，油泵周围应清洁无油污 3）检查油质，要求油质保持良好
5	车床电气部分	1）擦拭电气箱，擦干净电动机外部 2）检查电气装置是否牢固、整齐

四、技能训练

参考表 1-8 的要求，完成车床的日常润滑与保养。

五、专业拓展

卧式车床同其他机床一样，其保养级别分为例行保养（日保养）、一级保养（月保养）和二级保养（年保养）。

1. 例行保养

例行保养一般每天进行，以操作者为主进行保养。

1）班前：擦净机床外露导轨面及滑动面的尘土并加油；按规定润滑各部位；检查各手柄位置；空机试运转。

2）班中：严格遵守操作规程；操作中随时注意机床运转情况，有异常及时处理。

3）班后：将切屑全部清扫干净；擦净机床各部位；部件归位。

2. 一级保养

一级保养是指设备运行一个月（两班制），以操作者为主，维修工人配合进行保养。

其主要工作内容是：检查、清扫、调整电气控制部位；彻底清洗、擦拭设备外表，检查设备内部；检查、调整各操作、传动机构的零部件；检查油泵、疏通油路，检查油箱油质、油量；清洗或更换油毡、油线，清除各活动面毛刺；检查、调节各指示仪表与安全防护装置；发现故障隐患和异常，要予以排除，并排除泄漏现象等。

设备经一级保养后要求达到：外观清洁、明亮；油路畅通、油窗明亮；操作灵活，运转正常；安全防护、指示仪表齐全、可靠。保养人员应将保养的主要内容、保养过程中发现和排除的隐患、异常、试运转结果、试生产件精度、运行性能等，以及存在的问题做好记录。

3. 二级保养

二级保养是以维持设备的技术状况为主的检修形式，以维修工人为主。

二级保养的工作量介于中修理和小修理之间，既要完成小修理的部分工作，又要完成中修理的部分工作，主要针对设备易损零部件的磨损与损坏进行修复或更换。二级保养要完成一级保养的全部工作，还要求润滑部位全部清洗，结合换油周期检查润滑油质，进行清洗换油。检查设备的动态技术状况与主要精度（噪声、振动、温升、油压、波纹、表面粗糙度等），调整安装水平，更换或修复零部件，刮研磨损的活动导轨面，修复调整精度已劣化的部位，校验机装仪表，修复安全装置，清洗或更换电动机轴承，测量绝缘电阻等。经二级保养后要求精度和性能达到工艺要求，无漏油、漏水、漏气、漏电现象，声响、振动、压力、温升等符合标准。二级保养前后应对设备进行动、静技术状况测定，并认真做好保养记录。

六、延伸阅读

中国古代工匠宗师——鲁班：姬姓，公输氏，名般，又称公输子、公输盘、班输、鲁般，春秋时期鲁国人。他的发明涉及木工器械、战争器械与农业机具等多个领域，下面列举几项。

1. 曲尺

曲尺最早的名称是"矩"，又名鲁班尺。《墨子·天志（上）》说："轮匠执其规矩，以度天下之方圆。"规矩，即圆规及曲尺。曲尺由尺柄及尺翼组成，相互垂直成直角，尺柄较短为一尺，主要为量度之用；尺翼长短不定，最长为尺柄一倍，主要为量直角、平衡线之用。木工以曲尺量度直角、平面、长短甚至平衡线。

2. 墨斗

墨斗是木工用以弹线的工具。此工具以一斗形盒子贮墨，线绳由一端穿过墨穴染色，已染色绳线末端为一个小木钩，称为"班母"，传为鲁班之母亲发明。班母通常离地面约一寸，固定之后，将已染色线绳向地面弹动，工地以此为地平直线标准。又可以班母固定于高处，墨斗悬垂，以墨斗之重量作坠力，将已染色线绳向壁面弹动，以此为立面直线标准。

3. 云梯

云梯是古代攻城用的器械，传说是鲁班发明。

4. 石磨

据《世本》记载，石磨也是鲁班发明的。传说鲁班用两块比较坚硬的圆石，各錾成密布的浅槽，合在一起，用人力或畜力使它转动，就把米面磨成粉了，这就是人们所说的磨。在此之前，人们加工粮食是把谷物放在石臼里用杵来舂捣，而磨的发明把杵臼的上下运动改变为做旋转运动，使杵臼的间歇工作变成连续工作，大大减轻了劳动强度，提高了生产率。

任务 1.3　车削加工刀具认识与操作

一、任务目标

【知识目标】

1）了解车加工刀具知识。

2）了解车刀常用材料知识。

3）了解车刀种类与适用范围。

4）了解车刀安装方法。

【能力目标】

1）能熟练选用车刀。

2）能熟练安装车刀。

【素养目标】

1）培养学生人身安全、设备安全的意识。

2）培养学生环保的意识。

3）培养学生严谨细致的工作态度。

4）培养学生吃苦耐劳的工作作风。

5）培养学生团队协作的能力。

二、车刀简介

1. 车刀的定义

车刀是用于车削加工的刀具，如图 1-6 所示。

2. 车刀的常用材料

车刀切削部分要承受很大的压力、摩擦、冲击和很高的温度，因此，车刀的材料应具有以下性能：

（1）高硬度　车刀材料的硬度一般要求高于被加工材料硬度。在室温下，刀具材料的硬度一般应为 60~65HRC。

图 1-6　车刀

（2）高耐磨性　耐磨性是指材料抵抗磨损的能力。车刀应具有高耐磨性。

（3）足够的强度和韧性　为了承受切削力、振动和冲击，刀具材料要有足够的强度和韧性，以防止刀具崩刃和脆性断裂。

（4）高耐热性　耐热性又称热硬性，是指刀具材料在高温下仍能保持足够硬度的性能。车刀应具有高耐热性。

（5）工艺性能　为了便于刀具的制造和刃磨，刀具材料应具备一定的切削性能、刃磨性能、焊接性能以及热处理性能。

常用的车刀材料主要有高速工具钢和硬质合金。

3. 车刀的常用种类及功用

（1）车刀按用途分类　常用车刀的种类如图1-7所示。

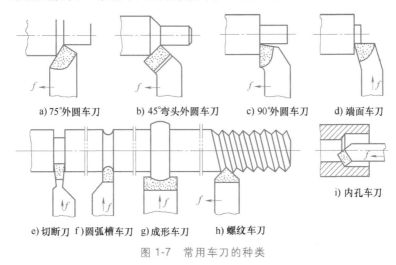

a）75°外圆车刀　　b）45°弯头外圆车刀　　c）90°外圆车刀　　d）端面车刀

i）内孔车刀

e）切断刀 f）圆弧槽车刀　g）成形车刀　　h）螺纹车刀

图 1-7　常用车刀的种类

1）外圆车刀。外圆车刀用于粗车或精车外回转表面（圆柱面或圆锥面）的外圆和端面。

① 75°外圆车刀。75°外圆车刀主偏角为75°，该车刀结构简单，制造方便，一般用于车削工件的外圆，也可车削工件的端面。

② 90°外圆车刀（偏刀）。90°外圆车刀主偏角为90°，背向力较小，故适用于加工阶梯轴或细长轴零件的外圆面、台阶和端面。

③ 45°弯头外圆车刀（弯头车刀）。45°弯头外圆车刀不仅可车削外圆，还可车削端面及倒角，通用性较好。

2）内孔车刀。常用内孔车刀一般用于车削通孔或不通孔，内孔车刀的工作条件较外圆车刀差，如图1-8所示。这是由于内孔车刀的刀杆悬伸长度和刀杆截面尺寸都受到加工孔尺

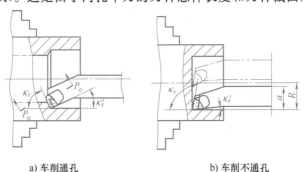

a）车削通孔　　　　　　　　b）车削不通孔

图 1-8　内孔车刀

寸的限制，当刀杆伸出较长而截面较小时，刚度低，容易引起振动。

3）切断刀。切断刀用于从棒料上切下已加工好的零件，或切断较小直径的棒料。切断刀的刀头较长，其切削刃亦狭长，这是为了减少工件材料消耗和切断时能切到中心的缘故。

4）切槽刀。切槽刀主要用于切割工件的表面，制作槽口或凹槽。切槽刀与切断刀基本相似，一般刀头稍短。

5）螺纹车刀。车削部分的截形与工件螺纹的轴向截形（即牙形）相同。按所加工的螺纹牙形不同，有普通螺纹车刀、梯形螺纹车刀、矩形螺纹车刀、锯齿形螺纹车刀等几种。车削螺纹比攻螺纹和套螺纹加工精度高，表面粗糙度值小，因此，使用螺纹车刀车削螺纹是一种常用的方法。

6）成形车刀。成形车刀是一种加工回转体成形表面的专用刀具，它不但可以加工外圆形表面，还可以加工内成形表面。成形车刀主要用在大批量生产，其设计与制造比较麻烦，刀具成本比较高。但为使成形表面精度得到保证，工件批量小时，在卧式车床上也常常使用。

（2）车刀按结构分类　按结构不同，车刀大致可分为整体式高速钢车刀、焊接式硬质合金车刀和机械夹固式硬质合金车刀（又分为机夹可重磨式车刀和机夹可转位式车刀），如图 1-9 所示。

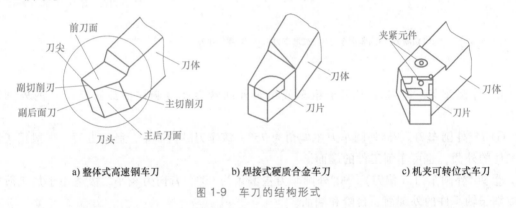

a) 整体式高速钢车刀　　　b) 焊接式硬质合金车刀　　　c) 机夹可转位式车刀

图 1-9　车刀的结构形式

1）整体式高速钢车刀。整体式高速钢车刀是由整块高速工具钢淬火、磨制而成的，俗称"白钢刀"，使用时可根据不同用途，将切削部分修磨成所需形状。

2）焊接式硬质合金车刀。焊接式硬质合金车刀是将一定形状的硬质合金刀片和刀杆通过钎焊连接而成的。

3）机夹可重磨式车刀。机夹可重磨式车刀是用机械夹固的方法将刀片固定在刀杆上，由刀片、刀垫、刀杆和夹紧机构等组成。

4）机夹可转位式车刀。机夹可转位式车刀是一种把可转位刀片用机械夹固的方法装夹在特制的刀杆上使用的刀具。在使用过程中，当切削刃磨钝后，不需刃磨，只需通过刀片的转位，即可用新的切削刃继续切削。

三、车刀安装操作

1. 车刀装夹

1）车刀的刀尖应与工件中心等高。

2）车刀刀杆下面的垫片要求平整，其数量要尽可能少（一般不超过 3 片），并与刀架边缘对齐。

3）车刀装夹在刀架上的伸出部分应尽量短些，伸出长度一般不超过刀杆厚度的 1.5 倍，否则易使刀杆刚度减弱，切削时会产生振动。

4）车刀在刀架上装夹时应尽量靠左。

5）车刀紧固前要目测检查刀杆与工件轴线是否垂直，位置调整正确后，先用手拧紧刀架螺钉，然后再使用专用刀架扳手将前、后至少两个螺钉交替拧紧。注意使用刀架扳手时不允许加加力管，以防损坏螺钉。

6）车刀安装好后，还应检查当车刀处于工件的加工极限位置时，车床上有无相互干涉或碰撞的可能。

2. 车刀调整

要使车刀刀尖迅速对准工件中心，可采用下列办法。

1）让车刀刀尖靠近尾座顶尖中心，根据刀尖与顶尖中心的高度差来调整刀尖高度。需要注意的是，对刀时先让刀尖比顶尖中心略高 0.2~0.3mm，随后紧固好螺钉，车刀会被压低一点，这样刀尖的高度就基本与顶尖中心的高度一致了。

2）先用高度尺测量刀架底面到主轴中心的高度，在中滑板的端面划一条辅助刻线，使这条刻线到中滑板滑轨的距离正好等于刀架底面到主轴中心的高度。装夹车刀时就可先将车刀放在滑轨上，看刀尖与刻线是否对齐，如果低于刻线则应加垫片使之对齐。

3）先用目测将车刀刀尖大致调整到工件中心，再将工件端面车一刀，然后根据工件端面的中心来找正车刀。车削端面、圆锥等要求车刀必须严格对准工件中心时，一般都采用这种方法来进行精确找正。

四、技能训练

完成外圆车刀、切槽刀的安装。

五、专业拓展

车刀材料除了前面提到的高速工具钢和硬质合金外，还有陶瓷、超硬刀具材料（如金刚石、立方氮化硼）涂层等。

1. 陶瓷材料

陶瓷材料是以氧化铝为主要成分在高温下烧结而成的。陶瓷材料有很高的硬度和耐磨性，有很好的耐热性，在 1200℃ 高温下仍能进行切削。陶瓷材料有很好的化学稳定性和较低的摩擦因数，抗扩散和抗黏结能力强，但强度低、韧性差，抗弯强度仅为硬质合金的 1/3~1/2；导热系数低，仅为硬质合金的 1/5~1/2。

陶瓷材料主要用于钢、铸铁及塑性大的材料（如纯铜）的半精加工和精加工，对于冷硬铸铁、淬硬钢等高硬度材料加工特别有效，但不适于机械冲击大的加工场合。

2. 金刚石

金刚石刀具有三种：天然单晶金刚石刀具、整体人造聚晶金刚石刀具和金刚石复合刀具。天然金刚石由于价格昂贵等原因，应用很少。整体人造金刚石是在高温高压和其他条件配合下由石墨转化而成的。金刚石复合刀片是在硬质合金基体上烧结上一层厚度约 0.5mm 的金刚石，形成了金刚石与硬质合金的复合刀片。

金刚石刀具有很好的耐磨性，可用于加工硬质合金、陶瓷和高铝硅合金等高硬度、高耐磨材料，刀具寿命比硬质合金提高几倍甚至几百倍；金刚石有非常锋利的切削刃，能切下极薄的切屑，加工冷硬现象较少；金刚石抗黏结能力强，不产生积屑瘤，很适于精密加工。但其耐热性差，切削温度不得超过 800℃；强度低、脆性大，对振动很敏感，只宜微量切削；与铁的亲和力很强，不适于加工黑色金属材料。金刚石目前主要用于磨具及磨料，作为刀具多在高速下对有色金属及非金属材料进行精细切削。

3. 立方氮化硼

立方氮化硼（CBN）是由六方氮化硼在高温高压下加入催化剂转变而成的，硬度仅次于金刚石，耐热性却比金刚石好得多，在高于 1300℃ 时仍可切削，且立方氮化硼的化学惰性大，在高温下也不易起化学反应。立方氮化硼作为一种新型超硬磨料和刀具材料，用于加工钢铁等黑色金属，特别是加工高温合金、淬火钢和冷硬铸铁等难加工材料，具有非常广阔的发展前途。

4. 涂层刀片

涂层刀片是在韧性和强度较高的硬质合金或高速钢的基体上，采用化学气相沉积（CVD）、物理气相沉积（PVD）、真空溅射等方法，涂覆一薄层（5~12μm）颗粒极细的耐磨、难熔、耐氧化的硬化物后获得的新型刀片。它具有较高的综合切削性能，能够适应多种材料的加工。

六、延伸阅读

中国古代工匠宗师——欧冶子：春秋末期到战国初期越国人，中国古代铸剑鼻祖，他铸造的一系列名剑，冠绝华夏。

1. 越王勾践剑

1965 年底，在湖北江陵出土越王勾践剑。越王勾践剑的主要材料是铜、锡以及少量的铝、铁、镍、硫组成的青铜合金。剑身的黑色菱形花纹是经过硫化处理的，剑刃的精磨技艺水平可同现代在精密磨床上生产出的产品相媲美。因剑的各个部位作用不同，因此铜和锡的比例不一。剑脊含铜较多，能使剑韧性好，不易折断；而刃部含锡高，硬度大，使剑非常锋利；花纹处含硫高，硫化铜可以防止锈蚀，以保持花纹的艳丽。那么，不同成分的配比在同一剑上是怎样铸制的呢？专家们分析认为，是采用了复合金属工艺，即分两次浇注使之复合成一体。这种复合金属工艺，世界上其他国家是到近代才开始使用的，而欧冶子却早在两千多年前便已采用。

2. 龙渊

早期的青铜剑形状简单，有时被称为短剑，后来逐渐演变成更长、更细的剑。因为青铜的硬度和强度较低，在战场的作用越来越小。欧冶子通过试验研究，发现铜和铁性能的不同之处，冶铸出第一把铁剑"龙渊"（后改名"龙泉剑"），开创了中国冷兵器之先河。铁剑比青铜剑更加锋利和耐用，这意味着它们可以更有效地切断敌人的装备和武器。

任务 1.4　车削加工夹具认识与操作

一、任务目标

【知识目标】

1）了解车床工件定位知识。

2）了解车床工件夹紧知识。

3）了解车加工常用夹具。

4）了解车加工夹具使用方法。

【能力目标】

1）能熟练选用夹具。

2）能熟练安装夹具。

【素养目标】

1）培养学生人身安全、设备安全的意识。

2）培养学生环保的意识。

3）培养学生严谨细致的工作态度。

4）培养学生吃苦耐劳的工作作风。

5）培养学生团队协作的能力。

二、车加工夹具简介

1. 夹具的定义和分类

将工件在机床上占有正确的加工位置并将工件夹紧的过程称为工件的安装，而用于安装工件的工艺装备称为机床夹具，简称夹具。

夹具按机床种类可分为车床夹具、铣床夹具、磨床夹具、钻床夹具、镗床夹具等。夹具按通用化程度又可分为通用夹具、专用夹具和组合夹具等。

（1）通用夹具　能装夹两种或两种以上工件的夹具称为通用夹具。一般作为机床的附件，如车床上的自定心卡盘、顶尖、中心架和鸡心夹头等。此类夹具有很大的通用性，适用于装夹轴类、盘类、箱体类工件，应用相当广泛。这类夹具一般已标准化、系列化，由专门厂家生产。

（2）专用夹具　专门为某一工件的某一工序设计的夹具称为专用夹具。当工件结构变化或工序内容变更时，都可能使此类夹具失去应用价值。由于这类夹具不需要考虑其通用性，所以夹具的结构可以设计得较简单、紧凑。而定位结构的精度可以很高，还可以采用各种省力、传力机构，使操作快捷方便。采用专用夹具，可以得到较高的定位精度和较高的生产率，但产品的生产准备周期比较长，工装费用较高。因此，此类夹具适用于产品较固定、生产批量较大工件的生产。

（3）组合夹具　组合夹具是由一套预先制造好的不同形状、不同规格并具有完全互换性及高耐磨性的标准元件组装而成的。组合夹具主要适用于新产品试制和单件小批量生产。

2. 夹具的组成

生产中使用的夹具很多，但按各元件在夹具中的作用归纳，一般由下列几部分组成：

（1）定位装置　用以确定工件在夹具中的位置，使工件在加工时相对于刀具处于正确位置。

（2）夹紧装置　用于夹紧工件，保证工件的位置在加工过程中不发生变化。

（3）夹具体　夹具体是夹具的基础件，其作用是把夹具上的所有组成部分连接成一个整体，并用于与机床有关部件的连接，以确定夹具在机床中的正确位置。

（4）辅助装置　根据夹具实际需要的装置，如平衡块、对刀导引装置、上下料装置、气动或液压操纵机构等。

3. 常用车床夹具

自定心卡盘是车床最常用的夹具。自定心卡盘由卡盘体、活动卡爪和卡爪驱动机构等组成，如图 1-10 所示。

图 1-10　自定心卡盘

自定心卡盘装夹工件的原理：利用卡盘扳手转动圆周上的三个小锥齿轮中的任一个，从而带动大锥齿轮背面平面螺纹转动并带动三个卡爪一起移动，起到自定心装夹工件的作用。安装直径较大的工件的时候，可以在三个卡爪上换上三个反爪。

三、车加工夹具操作

自定心卡盘使用注意点：

1）毛坯上的飞边、凸台应避开卡爪的位置。

2）毛坯外圆应尽可能深夹，夹持长度一般不得小于 10mm。不宜夹持长度较小而又有明显锥度的毛坯外圆。

3）工件必须装正夹牢。先轻轻夹紧工件，低速开车检验，若有偏摆应停车找正后，再紧固工件。

4）在满足加工要求的前提下，尽可能减小伸出长度，防止工件被车刀顶弯、顶落而造成事故。

四、技能训练

完成圆柱棒料在自定心卡盘上的装夹与拆卸，注意锁紧钥匙要及时取下。

五、专业拓展

所谓基准就是用来确定生产对象上几何要素的几何关系所依据的那些点、线、面。根据作用的不同，基准又可分为设计基准和工艺基准两大类。

1. 设计基准

设计基准是零件设计图样上用来确定其他点、线、面的位置基准。如图 1-11a 所示零件，对尺寸 30 而言，B 面是 A 面的设计基准，或者 A 面是 B 面的设计基准，它们互为设计基准。如图 1-11b 所示零件，对径向圆跳动而言，$\phi50h6$ 圆柱面的轴线是 $\phi30h6$ 外圆的设计基准，而 $\phi50h6$ 外圆柱面的设计基准是它本身的轴线。如图 1-11c 所示零件，对尺寸 60 而言，键槽底面的设计基准是圆柱面的下素线 D。如图 1-11d 所示零件，对尺寸 $S\phi d$ 来说，球面的设计基准是球心。

对于整个零件而言，往往有很多位置尺寸和位置精度要求，但在各个方向上通常有一个主设计基准。主设计基准常与装配基准重合。如图 1-11b 所示零件，轴向的主设计基准是 A 面，径向的主设计基准是 $\phi50h6$ 外圆柱面的轴线。

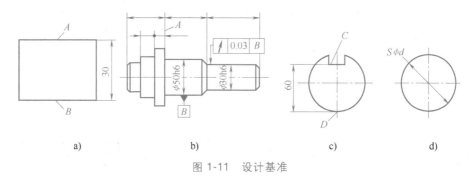

a)　　　　　b)　　　　　c)　　　　　d)

图 1-11　设计基准

2. 工艺基准

工艺基准是指工艺过程中所采用的基准。按其作用不同，工艺基准可分为工序基准、定位基准、测量基准和装配基准。

（1）工序基准　工序基准是指工序图上用来确定本工序所加工表面加工后的尺寸、形状和位置的基准。如图 1-12 所示钻孔的工序基准图，工序基准为 A 面。

（2）定位基准　定位基准是指加工过程中用作定位的基准。用夹具装夹时，定位基准就是工件上与夹具的定位装置相接触的面。如图 1-13 所示，在车削外圆时，中心孔 A、B 面为定位基准。

（3）测量基准　测量基准是指测量时所采用的基准，测量基准可以是点、线、面。

（4）装配基准　装配基准是指装配时用来确定零件或部件在产品中的相对位置所采用的基准。如图 1-14 所示，齿轮装配在轴上，则齿轮的孔 A 及端面 B 为装配基准。

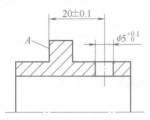

图 1-12 钻孔的工序基准图

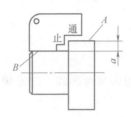

图 1-13 定位基准

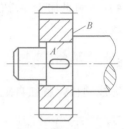

图 1-14 装配基准

六、延伸阅读

中国古代工匠宗师——墨子：名翟，春秋末期战国初期宋国人，一说鲁阳人，一说滕国人。墨子创立了墨家学派，是我国古代的思想家、教育家、科学家、军事家，能成为某一方面的专家已然不易，偏偏墨子还是个发明家。

墨子精通手工技艺，可与当时的巧匠鲁班相比。墨子擅长防守城池，在止楚攻宋时与鲁班进行的攻防演练中，已充分地体现了他在这方面的才能和造诣。他曾花费 3 年的时间，精心研制出一种能够飞行的木鸟（风筝、纸鸢），成为中国古代风筝的发明者。他又是一个制造车辆的能手，可以在不到一日的时间内造出载重 30 石（1 石 = 60kg）的车子。他所造的车子运行迅速又省力，且经久耐用，为当时的人们所赞赏。

墨子几乎掌握了当时各种兵器、机械和工程建筑的制造技术，并有不少创新。在《墨子》一书中的《备城门》《备水》《备穴》《备蛾》《迎敌祠》《杂守》等篇中，他详细地介绍和阐述了城门的悬门结构，城门和城内外各种防御设施的构造，弩、桔槔和各种攻守器械的制造工艺，以及水道和地道的构筑技术。他所论及的这些器械和设施，对后世的军事活动有着很大的影响。

任务 1.5 车削加工量具认识与操作

一、任务目标

【知识目标】

1）了解车加工常用量具的名称、结构。

2）了解车加工常用量具的使用方法。

【能力目标】

1）能熟练选用量具。

2）能熟练使用量具。

【素养目标】

1）培养学生人身安全、设备安全的意识。

2）培养学生环保的意识。

3）培养学生严谨细致的工作态度。

4）培养学生吃苦耐劳的工作作风。

5）培养学生团队协作的能力。

二、常用车加工量具

1. 游标卡尺

游标卡尺是一种中等精度的测量工具，是车工的常用量具之一，如图 1-15 所示。游标卡尺由主尺和附在主尺上能滑动的游标尺两部分构成。常用游标卡尺分度值为 0.02mm，主要用于测量工件的外径、内径、长度、宽度、深度和孔距等尺寸。

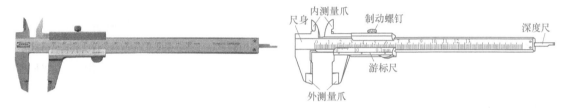

图 1-15 游标卡尺

2. 外径千分尺

外径千分尺一般简称为千分尺，如图 1-16 所示。千分尺是比游标卡尺更精密的测量长度的工具，用它测长度可以准确到 0.01mm，主要用于测量精度要求较高的尺寸。

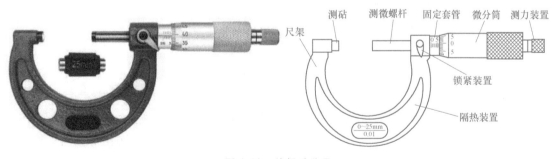

图 1-16 外径千分尺

原理：千分尺是依据螺旋放大的原理制成的，即螺杆在螺母中旋转一周，螺杆便沿着旋转轴线方向前进或后退一个螺距的距离。因此，沿轴线方向移动的微小距离，就能用圆周上的读数表示出来。千分尺的精密螺纹的螺距是 0.5mm，可动刻度有 50 个等分刻度，可动刻度旋转一周，测微螺杆可前进或后退 0.5mm，因此旋转每个小分度，相当于测微螺杆前进或退后（0.5/50）mm＝0.01mm。可见，可动刻度每一小分度表示 0.01mm，所以千分尺读数可准确到 0.01mm。由于还能再估读一位，可读到毫米的千分位，故又名千分尺。

三、车加工量具操作

1. 游标卡尺测量操作

（1）使用前应先检查零点　使用前，松开尺框上的制动螺钉，轻推使卡尺两个测量爪测量面合并，观察游标尺"0"刻线与尺身"0"刻线，两者应对齐。

（2）测量方法　测量小型工件的外径与内径，分别如图 1-17 和图 1-18 所示。

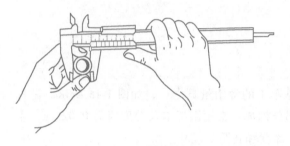
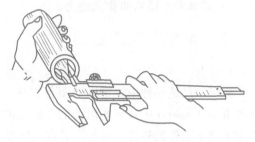

图 1-17　测量外径　　　　　　　　　　　　图 1-18　测量内径

（3）刻线原理与读数方法　如图 1-19 所示，以分度值为 0.02mm 的精密游标卡尺为例，尺身上的刻度以 mm 为单位，每 10 格分别标以 1、2、3……以表示 10mm、20mm、30mm……这种游标卡尺的游标尺刻度是把尺身刻度 49mm 的长度，分为 50 等份，尺身和游标尺的刻度每格相差：（1−0.98）mm＝0.02mm，即分度值为 0.02mm。如果用这种游标卡尺测量工件，测量前，尺身与游标尺的"0"刻线是对齐的，测量时，游标尺相对尺身向右移动，若游标尺的第 1 格正好与尺身的第 1 格对齐，则工件的厚度为 0.02mm。同理，测量 0.06mm 厚度的工件时，应该是游标尺的第 3 格正好与尺身的第 3 格对齐。

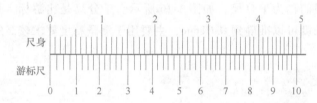

图 1-19　分度值为 0.02mm 游标卡尺的刻线

读数方法，可分三个步骤：

1）根据游标尺"0"刻线以左的尺身上的最近刻度读出整毫米数。

2）根据游标尺"0"刻线以右与尺身上的刻度对准的刻线数乘上 0.02mm 读出小数。

3）最终读数结果＝整数部分＋小数部分。

2. 外径千分尺测量操作

（1）使用前应先检查零点　使用前应先检查零点：缓缓转动微调旋钮，使测微螺杆和测砧对正，检查是否有误差。对 0～25mm 的千分尺，应将两个测量面相互贴合，看微分筒上的零线是否与固定套管上的轴向基准线对齐。25～50mm 及以上的千分尺，须用标准量棒或量块进行校验。

（2）操作方法　左手持尺架，右手转动粗调旋钮使测微螺杆与测砧间距稍大于被测物，放入被测物，转动测力装置夹住被测物，直到棘轮发出声音为止，拨动锁紧装置使测微螺杆固定后读数。

（3）读数方法　外径千分尺的一部分加工成螺距为0.5mm的螺纹，当它在固定套管的螺套中转动时，将前进或后退，微分筒和螺杆连成一体，其周边等分成50个分格。螺杆转动的整圈数由固定套管上间隔0.5mm的刻线去测量，不足一圈的部分由微分筒周边的刻线去测量，最终测量结果需要估读一位小数。读数方法可分为以下五个步骤：

1）先读固定套管刻度。

2）读半刻度，若半刻度线已露出，记作0.5mm；若半刻度线未露出，记作0.0mm。

3）读微分筒刻度，记作$n×0.01$mm。

4）估读刻度，记作$m×0.001$mm。

5）最终读数结果＝固定套管刻度＋半刻度＋微分筒刻度＋估读刻度。

四、技能训练

使用游标卡尺、外径千分尺测量样件的直径与长度。

1. 游标卡尺的使用注意事项

1）要以游标卡尺的"0"刻线为基准。

2）测量时，应先拧松制动螺钉，移动游标尺不能用力过猛。

3）两测量爪与待测物的接触不宜过紧。不能使被夹紧的物体在测量爪内移动。

4）读数时，视线应与尺面垂直。若需固定读数，可用制动螺钉将游标尺固定在尺身上，防止滑动。

5）若尺身上标的数码是cm，读数应转化为mm。

2. 千分尺的使用注意事项

1）千分尺的测量面应保持清洁，使用前应校准"0"刻线。

2）测量时，注意要在测微螺杆快靠近被测物体时应停止使用旋钮，而改用微调旋钮，避免产生过大的压力，这样既可使测量结果精确，又能保护螺旋测微器。

3）在读数时，要注意固定刻度尺上表示0.5mm的刻线是否已经露出。

4）读数时，千分位有一位估读数字，不能随便舍掉，即使固定刻度的零点正好与可动刻度的某一刻度线对齐，千分位上也应读取为"0"。

5）测量时，千分尺要放正、不可歪斜。

6）不得用千分尺测量毛坯尺寸。

7）不能在加工过程中测量，以免发生事故。

五、专业拓展

1. 游标卡尺保养

1）游标卡尺是比较精密的测量工具，要轻拿轻放，不得碰撞或掉落。不要用游标卡尺来测量粗糙的物体，以免损坏测量爪。

2）测量结束后把游标卡尺平放，尤其是大尺寸的游标卡尺更应注意，否则尺身容易弯曲变形。

3）使用后，应该用干净的棉布或纸巾将游标卡尺擦拭干净，确保上面没有灰尘或其他杂物。

4）游标卡尺需要定期校准，以确保其测量的准确性。

5）游标卡尺需要保持干燥和清洁，不能存放在潮湿或高温的环境中，以免影响其测量准确度。

2. 千分尺保养

1）使用时不得用手直接触摸千分尺的测微螺杆以及工作面。

2）检测过程中要细心操作，避免碰伤和掉落。

3）千分尺使用后，应用无尘布擦拭干净。

4）对千分尺相对运动部分，应定期擦拭润滑油，使各部分相对运动自如，不致产生阻滞现象。

5）千分尺使用后应存放在量具盒内，盒内不得与其他零件混放，以免千分尺测微螺杆磕碰后产生毛刺影响测量结果。

六、延伸阅读

中国古代工匠宗师——蔡伦：东汉桂阳郡人。蔡伦兼任尚方令时，掌管尚方，这是一个主管皇宫制造业的机构，"尚方宝剑"就是尚方制作的宝剑，后来成为最高权力的象征。当时的皇宫作坊，集中了天下的能工巧匠，代表那个时代制造业的最高水准，为蔡伦提供了一个极好的平台，他的爱好以及他在工程技术方面的过人天资，在这个工作岗位上得到井喷式的展现。

1. 改进兵器制作工艺

蔡伦大幅度改进了刀剑等器物的制作工艺，达到极高水准，并长期居于技术的顶峰。晚出生于蔡伦三四十年的崔寔在《政论》中写道："有蔡太仆之弩，及龙亭九年之剑，至今擅名天下。""蔡太仆""龙亭"，指的都是蔡伦，他已成为当时兵器的"品牌"。

2. 改进造纸术

蔡伦主管监督制造宫中用的各种器物。他挑选出树皮、破麻布、旧渔网等，让工匠们把它们切碎剪断，放在一个大水池中浸泡。过了一段时间后，其中的杂物烂掉了，而纤维不易腐烂，就保留了下来。他再让工匠们把浸泡过的原料捞起，放入石臼中，不停搅拌，直到它们成为浆状物，然后再用竹篾把这黏糊糊的东西挑起来，等干燥后揭下来就变成了纸。蔡伦带着工匠们反复试验，试制出既轻薄柔韧，又取材容易、来源广泛、价格低廉的纸。

任务 1.6 台阶短轴加工

【工作描述】

依据图样要求，车削台阶短轴外形，保证尺寸、表面粗糙度等技术要求，如图 1-20 所示。

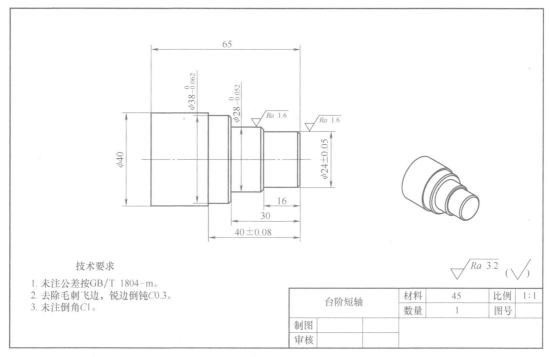

图 1-20 台阶短轴

一、任务目标

【知识目标】

1）了解车削加工工艺分析的基本内容。

2）了解车削加工机床、刀具、夹具以及量具的选用方法。

3）了解车削方式和车削用量的选用方法。

【能力目标】

1）能根据零件结构、尺寸及技术要求等，编制端面、外圆车削工艺。

2）能根据加工工艺的要求正确安装刀具和工件。

3）掌握车削端面、外圆、倒角的操作技能。

4）能正确使用量具完成工件检测。

【素养目标】

1）培养学生人身安全、设备安全的意识。

2）培养学生环保的意识。

3）培养学生严谨细致的工作态度。

4）培养学生吃苦耐劳的工作作风。

5）培养学生团队协作的能力。

二、台阶短轴加工工艺分析

1. 读零件图

1）认真分析零件图，确认台阶短轴的材料为 45 钢、数量为 1。

2）认真分析零件图，确认台阶短轴为简单回转体零件。

3）明确台阶短轴各部位的尺寸、公差和表面粗糙度。

2. 选择毛坯

根据工件外形尺寸以及确保加工精度所必须预留的加工余量，选用毛坯为 $\phi42mm \times 80mm$ 的型材。

3. 选择加工方式

台阶短轴属于简单回转体零件，涉及的加工内容有端面加工、外圆加工、倒角、工件切断等，选用的加工设备是车床。

三、台阶短轴加工工艺编制

台阶短轴的加工工艺卡见表 1-9。

表 1-9 台阶短轴加工工艺卡

序号	实施步骤	要点	备注
1	清理卡盘	清理自定心卡盘,确保没有切屑留在卡爪上	
2	安装工件	1)注意工件伸出长度比零件总长要长 2)夹紧工件	锁紧钥匙及时取回
3	安装刀具	1)注意刀具的高度与轴线等高 2)注意刀具伸出长度 3)注意刀具安装角度	
4	车左端面	确保长度方向的基准	
5	车台阶外圆	1)粗车外圆,留 0.5~1mm 余量 2)精车至图样尺寸	纵向退出车刀

（续）

序号	实施步骤	要点	备注
6	倒角	用倒角刀倒角	控制倒角大小
7	切断	根据工件长度,预留 1mm 余量切断工件	注意进给速度
8	车右端面	调头车削端面,保证轴的总体长度	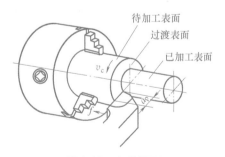
9	检查	使用游标卡尺测量工件直径与长度	直径分多个位置测量,保证测量在最大直径处

四、技能训练

1. 台阶短轴加工实施

（1）端面的车削　端面的车削方法如图 1-21 所示,具体操作如下:

1）起动车床,移动床鞍靠近工件右端,使车刀刀尖缓慢接触工件端面,移动滑板使车刀横向退出工件表面。

2）使用大滑板纵向进给 1mm 左右。

3）手动或自动横向走刀车削工件端面,当车刀即将车至工件回转中心时,自动走刀停止,手动缓慢走刀车平中心凸台后停止,避免车刀走过工件回转中心引起崩刃。

4）端面车削完毕后先退大滑板,后退中滑板,完成退刀操作。

（2）外圆柱面车削　外圆柱面的车削方法:

1）车外圆面。起动车床,移动床鞍至工件右端,用中滑板控制背吃刀量,床鞍做纵向进给运动车削外圆,如图 1-22 所示。具体方法是:根据背吃刀量的要求,车刀做横向进给运动,当车刀沿纵向移动 2mm 左右时,纵向退出车刀（横向不动）,然后停车测量。若尺寸符合要求,即可切削,否则按上述方法继续进行试切削和测量。

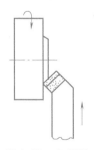

图 1-21　车端面

待加工表面
过渡表面
已加工表面

图 1-22　车外圆面

2）长度控制。粗车时可采用划线的方法控制台阶长度,大滑板刻度控制长度的方法如图 1-23 所示。如果安排有精车加工,台阶长度需留 0.5mm 左右的精加工余量。精车前用钢卷尺、游标深度卡尺测量出准确的余量,再根据精度要求,采用大滑板刻度盘或小滑板刻度盘控制长度。

（3）切槽切断　切槽切断时，移动溜板确保切断刀右侧到端面基准的距离等于切槽切断长度，操作中溜板做轴向进给运动至需要的尺寸位置，操作如图1-24所示。

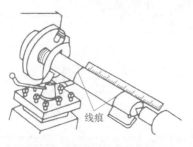

图 1-23　刻线法确定台阶长度

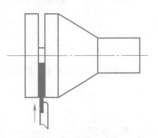

图 1-24　切槽切断

成批切割总长时，也可用导轨定位块定位切断长度，在导轨上安装定位块锁紧，大滑板到定位处停止正好是切断长度。

如果车床切断刀切出来的工件不平整，可能是由于在切断时进刀"太快"造成的。越靠近轴心时，因为半径很小，所以线速度就小，切削速度就小，相对来讲，进刀就太快了，留下的"尾巴"是刀具挤断被加工零件后留下的。如果轴径不大，切断时应加大车床主轴转速，越到快切断时，进刀应越慢。

2. 台阶短轴检测

参考编制的工艺卡，完成台阶短轴的加工，将台阶短轴零件相关尺寸的检测结果填写在表1-10中。

表1-10　台阶短轴检测表

序号	检测内容	要求	分值	学生自评			教师评价			评分记录
				实际尺寸	完成情况		实际尺寸	完成情况		
					是	否		是	否	
1	65mm	在公差范围内	5							
2	40mm	±0.08mm	10							
3	30mm	在公差范围内	5							
4	16mm	在公差范围内	5							
5	φ40mm	在公差范围内	5							
6	φ38mm	$^{0}_{-0.062}$ mm	15							
7	φ28mm	$^{0}_{-0.052}$ mm	15							
8	φ24mm	±0.05mm	15							
9	倒角	C1	15							
10	表面粗糙度	Ra1.6μm	5							
11	其余表面粗糙度	Ra3.2μm	5							
总计										

五、专业拓展

在切削过程中，被切削的金属会出现一系列的现象，如切削变形、积屑瘤、加工硬化、卷屑等。研究这些现象发生的原因对提高生产率和零件的加工质量，降低生产成本有着重要的意义。

1. 积屑瘤

用中等速度切削钢料或其他塑性金属，有时在车刀前刀面上会牢固地粘着一小块金属，这就是积屑瘤，也称刀瘤。

（1）积屑瘤的形成　在切削过程中，由于挤压和强烈的摩擦，使切屑和刀具前刀面之间产生很大的压力和很高的温度，切削底层的一部分金属就"焊"在前刀面靠近切削刃处，形成积屑瘤如图1-25所示。

（2）积屑瘤对切削的影响

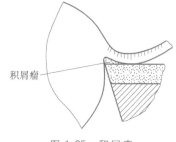

图1-25　积屑瘤

1）保护刀具。积屑瘤像一个刀口圆弧半径较大的楔块，它的硬度高，为工件材料硬度的2~3.5倍，可代替切削刃进行切削。因此切削刃和前刀面都得到了积屑瘤的保护，减少了刀具的磨损。

2）增大实际前角　有积屑瘤的车刀，实际前角可增大30°~50°，因而减少了切屑的变形，降低了切削力。

3）影响工件表面质量和尺寸精度。积屑瘤形成后，并不总是很稳定，它时大时小，时有时无。在切削过程中，一部分积屑瘤被切屑带走，另一部分则嵌入工件已加工表面内，使工件表面形成硬点和毛刺，表面粗糙度值增大。当积屑瘤增大超出刃口后，改变了切削速度，因此会影响工件的尺寸精度。

粗加工时，一般允许积屑瘤存在；精加工时，由于工件的表面粗糙度值要求较小，尺寸精度要求较高，因此必须避免产生积屑瘤。

（3）切削速度对积屑瘤产生的影响　影响积屑瘤产生的因素很多，有切削速度、工件材料、刀具前角、切削液、刀具前刀面的表面粗糙度等。在加工塑性材料时，切削速度的影响最明显。

2. 加工硬化

（1）加工硬化的形成　加工过程中，切削刃不可能是绝对锋利的，总有刃口圆弧存在，如图1-26所示。所以切削时零件表面有一层很薄的金属不易切下，而被刀具刃口挤向已加工表面，这一部分金属与刀具后刀面发生强烈的摩擦，经过挤压变形后使已加工表面硬度提高，这就是加工硬化现象。

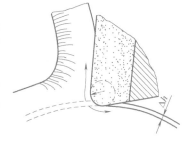

图1-26　刃口圆弧与加工硬化

（2）加工硬化对切削加工的影响　加工硬化会使下道工序的切削难以进行，使刀具磨损加剧。

六、延伸阅读

中国古代工匠宗师——张衡：字平子，东汉时期南阳郡西鄂县（今河南省南阳市石桥镇）人，杰出的天文学家、数学家、发明家、地理学家、文学家。

1. 地动仪

张衡在担任太史令时发明了最早的地动仪，称为候风地动仪。据《后汉书·张衡传》记载：地动仪"以精铜铸成，员径八尺，合盖隆起，形似酒樽，饰以篆文山龟鸟兽之形，中有都柱，傍行八道，施关发机"。它有八个方位，每个方位上均有一条口含铜珠的龙，在每条龙的下方都有一只蟾蜍与其对应。任何一方如果有地震发生，该方向龙口所含铜珠即落入蟾蜍口中，由此便可测出发生地震的方向。经过试验，结果完全相符，灵验如神。从古籍的记载中，还不曾看到有这样的器物。有一次，一条龙的机关发动了，然而洛阳并未发生地震，京城的学者们都惊异地动仪这次怎么不灵了。几天之后，送信人来了，果然在陇西地区发生了地震，众人于是都服其神妙。自此之后，朝廷就令史官根据地动仪记载地震发生的方位。

2. 浑天仪

张衡在西汉耿寿昌发明的浑天仪的基础上，根据自己的浑天说，创制了一个比以前都精确、全面得多的"浑天仪"。

3. 木鸟

北宋类书《太平御览·工艺部·卷九》引《文士传》中一段记载说："张衡尝作木鸟，假以羽翮，腹中施机，能飞数里。"

4. 指南车

张衡制造的指南车由一辆双轮独辕车组成。车箱内设置有能自动离合的齿轮系统，车箱外壳上层置一木刻仙人，利用机械原理和齿轮的传动作用，无论车子朝哪个方向转动，木人伸出的手臂都指向南方。

5. 计里鼓车

张衡创造的计里鼓车是用以计算里程的机械。据《古今注》记载："记里车，车为二层，皆有木人，行一里下层击鼓，行十里上层击镯。"记里鼓车与指南车制造方法相同，所利用的差速齿轮原理，早于西方1800多年。

项目2 PROJECT 2 铣削加工认识与操作

注意事项与工作提示：

  保持安全、文明生产是铣削加工中的基本要求，是防止人员伤亡或设备事故的根本保障。它直接涉及人身安全、产品质量和经济效益，影响设备和工、夹、量具的使用寿命，以及生产工人技术水平的正常发挥。在学习掌握操作技能的同时，务必养成良好的安全、文明生产习惯，对于从长期生产活动中总结出的教训和实践经验，必须认真领会和借鉴。

  1. 铣床安全操作规程

  1) 上机前应穿戴好防护用品，戴好袖套或扎紧袖口，不允许穿拖鞋，严禁戴手套，严禁穿短裤、背心或赤膊操作机床。

  2) 开机前检查操作手柄、开关、旋钮是否处在正确位置，操纵是否灵活，安全装置是否齐全、可靠，各部件状态是否良好。

  3) 检查油箱、油杯中油量是否充足，擦净导轨面灰尘，按润滑图表的要求做好润滑工作。

  4) 停机 8h 以上使用机床时，应先低速空运转 3~5min，确认运转正常后，方可开始工作。

5）严禁超载使用机床，禁止在机床导轨表面放置物品。

6）安装工件时必须牢固可靠，装夹时应轻拿轻放，严禁在工作台面上敲打和矫正工件。

7）装卸刀具时应将主轴制动，刀杆锥面和刀孔锥面应清洁、无磕痕、无油。刀杆拉紧丝杠和固定键必须牢固可靠。

8）铣削平面必须使用四个刀头以上的刀盘，并根据材质和技术要求，选择正确的切削用量。

9）使用交换齿轮铣削螺旋槽时，应适当降低切削量。

10）经常变换工作台上工件的装夹位置，减少纵向丝杠的局部磨损，使其均匀磨损。

11）机床开动后，操作者注意力应集中，不得擅自离开工作岗位或托人看管，运行中，严禁进行擦拭、调整、测量和清扫工作。

12）严禁自动进给时对刀和上刀，禁止在机床运转中变速。

13）快速行程或自动进给时，必须使用定位保险装置，预先调整好限位挡块，并注意手柄方向是否正确。

14）主轴在非垂直面铣削时，应将锁紧手柄（螺母）拧紧。

15）铣床运行中出现异常现象，应立即停机，查明原因并及时处理。

16）工作后，将工作台移至中间位置，各操纵手柄、开关、旋钮置于停机位置，升降台降至下部，切断电源及维护保养。

2. 铣削时的文明生产

（1）起动铣床前应做的工作

1）检查铣床各部分机构及防护设备是否完好。

2）检查铣床各手柄是否灵活，其空档或原始位置是否正确。

3）检查机用虎钳是否松动，是否安装正确。

4）检查各个注油孔，并对需要润滑的部位进行润滑。

5）使主轴低速空运行 3~5min，待铣床运转正常后才能进行操作加工。

（2）操作过程中的安全规范要求

1）主轴变速前必须停机。

2）工具箱中的工具应摆放整齐、稳妥、合理，便于操作时取用，用完后应放回原处，主轴箱盖上禁止放置任何物品。

3）正确使用和爱护量具，量具使用后要擦净、涂油，放入量具盒内。所使用的量具要定期校验，以保证其测量准确度。

4）床身上不准放置工具或工件。

5）铣刀磨损后应及时更换或刃磨，尤其要密切观察切屑形状，产生粘刀情况必须马上停止加工，不允许用钝刀继续铣削，以免增加机床负荷，影响工件表面的加工质量和生产率。

6）批量加工零件时，首件要送检，在确认合格后方可继续加工。

7）毛坯、半成品和成品应分开放置，安装、搬运的时候严禁用硬物碰撞已加工表面。

8）使用切削液前，应在床身导轨上涂润滑油，切削液要定期更换。

9）保持工作场地周围清洁，禁止堆放杂物，防止磕绊。

（3）结束操作后应做的工作

1）关闭机床电气系统和切断电源。

2）清理铣床，清除切屑，擦净铣床各部位的油污，按保养规定加注润滑油。

3）将铣床工作台回归到中间位置，铣床各控制手柄回归到空档位置。

4）将所用过的物件清洁归位。

5）打扫干净工作场地。

任务 2.1 铣削加工设备认识与操作

一、任务目标

【知识目标】

1）了解铣削的加工范围。

2）了解常用铣床的种类、结构、特点。

3）了解常用铣床的运行方式。

【能力目标】

1）掌握铣床主轴转速的调整。

2）掌握铣床进给量的调整。

3）掌握铣床工作台的手动进给操作。

4）掌握铣床工作台的自动进给操作。

【素养目标】

1）培养学生人身安全、设备安全的意识。

2）培养学生环保的意识。

3）培养学生严谨细致的工作态度。

4）培养学生吃苦耐劳的工作作风。

5）培养学生团队协作的能力。

二、铣床简介

铣削是以铣刀作为刀具加工物体表面的一种机械加工方法。铣削加工的设备称为铣床。

1. 立式铣床

（1）基本介绍 立式铣床的主轴竖直布置，工作台可以上下升降，立式铣床用的铣刀相对灵活一些，适用范围较广，如图 2-1 所示。

（2）结构特点

1）立式铣床铣头可在竖直平面内顺、逆时针方向调整 45°；立式铣床在 X、Y、Z 三个方向机动进给；立式铣床主轴采用能耗制动，制动转矩大，停止迅速、可靠。

2）底座、床身、工作台、横向滑座、升降台、主轴箱等主要构件均采用高强度材料铸造而成，并经人工时效处理，保证机床长期使用的稳定性。

3）工作台在 X、Y、Z 三个方向有手动进给、机动进给和机动快进三种形式，进给速度能满足不同的加工要求；快速进给可使工件迅速到达加工位置，加工方便、快捷，缩短非加工时间。

4）X、Y、Z 三个方向的导轨经超音频淬火、精密磨削及刮研处理，配合强制润滑，可提高精度，延长机床的使用寿命。

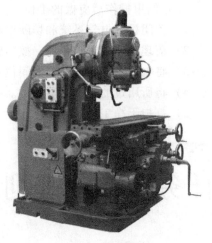

图 2-1 立式铣床

5）润滑装置可对纵、横、垂向的丝杠及导轨进行强制润滑，减小机床的磨损，保证机床的高效运转；同时，冷却系统通过调整喷嘴改变切削液流量的大小，满足不同的加工需求。

6）机床设计符合人体工程学原理，操作方便。

2. 卧式铣床

（1）基本介绍 卧式铣床可用各种圆柱铣刀、圆片铣刀、角度铣刀、成形铣刀和面铣刀加工各种平面、斜面、沟槽等，如图 2-2 所示。

（2）结构特点

1）主轴轴承采用圆锥滚子轴承，承载能力强，且采用能耗制动，制动转矩大，停止迅速、可靠。

2）工作台可纵、横向手动进给和垂直升降，同时纵、横向又可实现机动快进、机动进给和垂向机动升降。

3）X、Y、Z 三个方向的导轨都经超音频淬火、精密磨削，采用矩形导轨，稳定性更强。

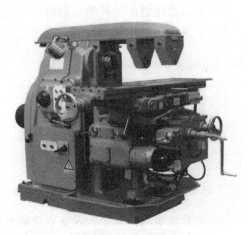

图 2-2 卧式铣床

4）主传动和进给传动均采用齿轮变速机构，调速范围广。

5）可配置特殊附件——立铣头，实现立铣功能。

三、铣床操作

立式铣床是常用的铣床，本书后续内容以 X5032 型立式铣床为例讲解。

1. 开机前检查

1）检查各部位电气设施、手柄、传动部位、防护和限位装置应齐全、可靠、灵活。

2）各档位应在零位，传动带松紧应符合要求。

3）工作台面不准直接存放金属物件。

2. 具体操作

1）必须进行空机试运转，先起动润滑油泵，使油压达到机床的规定，方可开动。

2）立式铣床工作台可以沿 X、Y、Z 三个方向移动。

3）立式铣床有手动进给与机动进给，能满足不同的加工要求。

3. 关机

1）切断电源。

2）各部位手柄归零位，清点工具，打扫清洁。

3）检查各保护装置情况。

四、技能训练

熟悉铣床基本操作，完成铣床基本操作练习。

五、专业拓展

1. 龙门铣床基本介绍

龙门铣床为床身水平布置，其两侧的立柱和连接梁构成门架的铣床，如图2-3所示。铣头装在横梁和立柱上，可沿导轨移动。通常横梁可沿立柱导轨垂向移动，工作台可沿床身导轨纵向移动。龙门铣床可以用多把铣刀同时加工表面，加工精度和生产率都比较高，适用于在成批和大量生产中加工大型工件的平面和斜面。数控龙门铣床还可加工空间曲面和一些特形零件。

图 2-3　龙门铣床

2. 龙门铣床特点

龙门铣床的外形与龙门刨床相似，区别在于它的横梁和立柱上装的不是刨刀刀架而是带有主轴箱的铣刀架，并且龙门铣床的纵向工作台的往复运动不是主运动，而是进给运动，而铣刀的旋转运动是主运动。

3. 龙门铣床分类

1）按龙门架是否移动，分为龙门固定工作台移动式铣床和龙门移动式铣床。

2）按横梁是否在立柱上运动，分为动梁式龙门铣床和定梁式龙门铣床。

3）按能力，分为轻型龙门铣床、中型龙门铣床和重型（超重型）龙门铣床。

六、延伸阅读

中国古代工匠宗师——诸葛亮：三国时期蜀汉丞相，中国古代杰出的政治家、军事家、发明家、文学家。诸葛亮是一个全才，他不但有理民之干，有大局观，还能够统兵出战，除此之外，他还"长于巧思"，诸葛亮一生中，有多项发明，造福了无数后人。

1. 连弩

连弩又称"诸葛弩"，是诸葛亮为便于作战而发明的武器。当时的诸葛亮觉得普通的弓箭一次只能发射一支箭，并不能给敌人造成严重的伤害。经过潜心研制，诸葛亮制作出了可连续发射弩箭的连弩。连弩在使用的时候，完全不用费力，只需要利用机械力量，就可以一次性将十支箭全部射出，从而形成强大的杀伤力。在战场上，不但可以节约作战成本，而且还可以提高作战的效率，可以说是一举两得了。

2. "木牛流马"独轮车

"木牛流马"独轮车是诸葛亮发明的一种交通运输工具，主要是为了战场上方便物资的运输而设计的，特别适合于在山地上行走。诸葛亮在北伐的时候，需要为十万大军运送粮草，仅靠普通的牛车，根本吃不消。于是，针对这些情况，诸葛亮发明了"木牛流马"独轮车。即便是在陡峭的坡路，也可以轻而易举地爬坡，来来回回节省了一半的时间。

3. 孔明锁

孔明锁相传是三国时期诸葛亮根据八卦玄学的原理发明的一种玩具，曾广泛流传于民间。孔明锁对于放松身心、开发大脑、灵活手指均有好处。孔明锁看上去简单，其实奥妙无穷，若不得要领，很难完成拼合。

任务2.2　铣床润滑保养认识与操作

一、任务目标

【知识目标】

1）了解常用铣床的润滑知识。

2）了解常用铣床的保养知识。

【能力目标】

1）能完成铣床的润滑。

2）能完成铣床的保养。

【素养目标】

1）培养学生人身安全、设备安全的意识。

2）培养学生环保的意识。

3）培养学生严谨细致的工作态度。

4）培养学生吃苦耐劳的工作作风。

5）培养学生团队协作的能力。

二、润滑与保养

1. 润滑

机床润滑包括轴承、齿轮、导轨和顶尖的润滑；机床润滑油脂包括液压油、液压导轨油和润滑油（脂），不同的机床种类及工况对润滑油品的性能有不同的要求。

1）工作完毕后要清除切屑，把导轨上的切削液、切屑等污物清理干净，并注润滑油，做到每天一小擦，每周一大擦。

2）铣床的润滑平时要特别注意，必须按期、按油质要求，根据说明书对铣床润滑点加油润滑。

2. 保养

1）操作铣床前，应仔细阅读机床的使用说明书，充分理解机床的技术和功能，按规定的方式操作。

2）穿着合适的工作服。

3）经常检查铣床内和铣床周围是否有障碍。

4）不要用潮湿的手操作铣床电气装置。

5）不准随意拆卸、改动安全装置或标志及防护装置。

6）定期进行检查、调整、保养。

三、铣床润滑与保养操作

铣床润滑与保养的基本内容与要求见表 2-1。

表 2-1　铣床润滑与保养的基本内容与要求

序号	部位	基本内容与要求
1	铣床外部	1）铣床各外表面、死角及防护罩内外都必须擦洗干净,保证无锈蚀、无油垢 2）清洗铣床附件并上油 3）检查外部有无缺件,如螺钉、手柄等 4）清洗丝杠及滑动部位并上油
2	铣床传动部分	1）修去导轨面的毛刺,清洗塞铁（镶条）并调整其松紧 2）对丝杠与螺母之间的间隙、丝杠两端轴承间隙进行适当调整 3）用 V 带传动的,应擦干净 V 带并做调整
3	铣床冷却系统	1）清洗过滤网和切削液槽,要求无切屑、杂物 2）根据情况及时更换切削液
4	铣床润滑系统	1）使油路畅通无阻,清洗油毡（不能留有切屑）,要求油窗明亮 2）检查手动油泵的工作情况,油泵周围应清洁无油污 3）检查油质,要求油质保持良好
5	铣床电气部分	1）擦拭电气箱,擦干净电动机外部 2）检查电气装置是否牢固、整齐

四、技能训练

依据表 2-1 的要求，完成铣床的日常润滑与保养。

五、专业拓展

1. 滑动轴承的润滑

滑动轴承的润滑油不仅要起到润滑的作用，还要起到冷却的作用，因此需要用润滑性能良好的低黏度润滑油，同时润滑油还需要具备良好的抗氧化性、抗磨性、防锈性及抗泡沫性。

2. 滚动轴承的润滑

滚动轴承具有摩擦系数小、运转安静等优点，因而在机床上被大量采用。滚动轴承一般可用封入高速脂或喷雾润滑。

3. 齿轮的润滑

机床齿轮所受的冲击和振动不大，负荷较小，一般使用润滑油润滑。冲击负荷较大的冲压或剪切机床的齿轮，应使用含抗磨剂的齿轮油；用于循环润滑或油浴润滑的齿轮油，除了要考虑抗氧化性，还要顾及耐蚀、抗磨、防锈蚀及抗泡沫性。

4. 导轨的润滑

由于导轨频繁地进行反复运动，因此容易产生边界润滑，甚至半干润滑而导致爬行现象。为克服爬行现象，可以使用含防爬剂的润滑油。

六、延伸阅读

中国古代工匠宗师——马钧：三国时期魏国人，中国古代科技史上最负盛名的机械发明家之一，独爱农业器械，兼顾军事发明。

1. 改造织绫机

马钧改造了织绫机，将当时织绫机五十条经线者有五十蹑（脚踏操纵板）与六十条经线者六十蹑，一律改为十二蹑，大大提高了生产效率，还提高了丝织品的精美水准。

2. 龙骨水车

马钧研制了用于农业灌溉的龙骨水车，这种水车不但能连续提水，还能在水位过高的时候向外排水，是当时世界上最先进的生产工具之一。

3. 改进连弩

马钧把诸葛亮发明的连弩加以改进，效率提高了 5 倍。

4. 轮转式发石车

马钧在原来作战用的发石车基础上，重新设计出了一种新式的攻城武器——轮转式发石车。原来的发石车像个大天平，一端挂着一个斗，斗里装满石块，另一端挂着许多根绳子，作战时，兵士们一起用力拉绳子，装石头的那端就飞快地翘起来，这样，石头就被抛出去击打敌人。这种发石车缺点很多，每发射一次，都要花费很多时间，而且效果不大。马钧设计的轮转式发石车，则克服了这些缺点。它装有一个木轮，石头挂在木轮上，由机械装置带动木轮飞快地转动，从而把石头接连不断地发射出去，大大提升了攻击效率。马钧曾用车轮来做试验，可以连续把几十块砖瓦射出几百步远（一步约合 1.45m），这在当时说来，威力是相当大的。

任务2.3 铣削加工刀具认识与操作

一、任务目标

【知识目标】

1）了解铣削加工刀具知识。

2）了解铣刀常用材料知识。

3）了解铣刀种类与适用范围。

4）了解铣刀安装方法。

【能力目标】

1）能熟练选用铣刀。

2）能熟练安装铣刀。

【素养目标】

1）培养学生人身安全、设备安全的意识。

2）培养学生环保的意识。

3）培养学生严谨细致的工作态度。

4）培养学生吃苦耐劳的工作作风。

5）培养学生团队协作的能力。

二、铣刀简介

1. 铣刀的定义

铣刀是用于铣削加工，具有一个或多个刀齿的旋转刀具。工作时各个刀齿依次切去工件的余量。铣刀主要用于在铣床上加工平面、台阶、沟槽和切断工件等。

2. 铣刀的常用材料

铣刀在工作中要承受很大的压力、摩擦、冲击和很高的温度，因此，铣刀的材料应具有以下性能：

（1）高硬度　在常温下，切削部分材料必须具备足够的硬度才能切入工件。

（2）耐磨性　具有高的耐磨性，刀具才不易磨损，延长使用寿命。

（3）耐热性　刀具在切削过程中会产生大量的热量，尤其是在铣削速度较高时，温度会很高，因此，刀具材料应具备好的耐热性，即在高温下仍能保持较高的硬度，有能继续进行切削的性能，这种具有高温硬度的性质，又称为热硬性。

（4）高的强度和好的韧性　在切削过程中，刀具要承受很大的冲击力，所以刀具材料要具有较高的强度，否则易断裂。由于铣刀会受到冲击和振动，铣刀材料还应具备好的韧性，才不易崩刃、碎裂。

常用的铣刀材料主要有高速工具钢和硬质合金。

3. 铣刀的常用种类及功用

（1）面铣刀　面铣刀主要用于立式铣床上加工平面，铣刀的轴线垂直于被加工表面，如图2-4所示。面铣刀的主切削刃位于圆柱或圆锥表面上，副切削刃位于圆柱或圆锥的端面上。用面铣刀加工平面时，由于同时参与切削的齿数较多，又有副切削刃的修光作用。面铣刀主要采用硬质合金刀齿，切削生产率较高。

（2）圆柱铣刀　圆柱铣刀用于卧式铣床上加工平面，如图2-5所示。刀齿分布在铣刀的圆周上，按齿形分为直齿和螺旋齿两种，按齿数分粗齿和细齿两种。

图2-4　面铣刀　　　　　　　　　图2-5　圆柱铣刀

（3）立铣刀　立铣刀相当于带柄的小直径圆柱铣刀，一般由3~4个刀齿组成。立铣刀用于加工平面、台阶、槽和相互垂直的平面，利用锥柄或直柄紧固在机床主轴中，如图2-6所示。圆柱上的切削刃是主切削刃，端面上分布着副切削刃。工作时只能沿刀具的径向进给，而不能沿铣刀的轴线方向做进给运动。

（4）键槽铣刀　键槽铣刀主要用来加工圆头封闭键槽，如图2-7所示。为了能够直接加工两端封闭的键槽，键槽铣刀的端刃长度一般直接到达铣刀的回转中心部位，可以沿轴向直接钻入工件，而立铣刀端部的回转中心部位一般是没有刃带的。

（5）球头铣刀　球头铣刀也称为R刀，是切削刃类似球头，装配于铣床上用于铣削各种曲面、圆弧沟槽的刀具，如图2-8所示。球头铣刀可以进行曲面半精铣和精铣，小型球头铣刀可以精铣陡峭面、直壁的小倒角和不规则轮廓面。

图2-6　立铣刀　　　　　　图2-7　键槽铣刀　　　　　　图2-8　球头铣刀

（6）T形槽铣刀　T形槽铣刀用于加工各种机械台面或其他结构体上的T形槽，如图2-9所示。

（7）燕尾槽铣刀　用铣床加工燕尾槽可以考虑使用燕尾专用铣刀直接加工，如图2-10所示。使用时要确认加工燕尾的角度，配用适当的铣刀。

（8）倒角刀　倒角刀是机加工中一种倒角刀具，如图2-11所示。

图2-9　T形槽铣刀　　　　　图2-10　燕尾槽铣刀　　　　　图2-11　倒角刀

（9）成形铣刀　成形铣刀是为特定的工件或加工内容定制的，其刀齿廓形要根据被加工工件的廓形来确定，用于加工平面类零件的特定外形（如角度面、凹槽面等），如图2-12所示。成形铣刀可在通用的铣床上加工复杂形状的表面，生产率较高。

图2-12　成形铣刀

三、铣刀安装操作

1. 带柄铣刀的安装

（1）直柄铣刀的安装　直柄铣刀常用弹簧夹头来安装，安装时，收紧螺母，使弹簧套做径向收缩而将铣刀的柱柄夹紧。

（2）锥柄铣刀的安装　当铣刀锥柄尺寸与主轴端部锥孔相同时，可直接装入锥孔，并用拉杆拉紧，否则要用过渡锥套进行安装。

2. 带孔铣刀的安装

带孔铣刀要采用铣刀杆安装，先将铣刀杆锥体一端插入主轴锥孔，用拉杆拉紧，通过套筒调整铣刀的位置，刀杆另一端用吊架支承。

四、技能训练

完成面铣刀、键槽铣刀的安装与拆卸。

五、专业拓展

1. 铣刀振动

铣削加工中经常会发生铣刀振动现象，对加工产生危害。

1）由于铣刀与刀夹之间存在微小间隙，所以在加工过程中刀具有可能出现振动现象。

2）铣刀的振动会使铣刀圆周刃的吃刀量不均匀，切削量比预定值增大，影响加工精度和刀具使用寿命。正常加工中铣刀的振动越小越好。

3）当出现刀具振动时，应考虑降低切削速度和进给速度，如果两者都已降低，仍存在较大的振动，则应考虑减小吃刀量。

2. 系统共振

如果加工系统出现共振，原因可能是切削速度过大、进给速度偏小、刀具系统刚性不足、工件装夹力不够等，此时应该调整立式铣床切削用量、增加立铣刀系统刚度、提高进给速度等。

六、延伸阅读

中国古代工匠宗师——杜预：字元凯，西晋时期政治家、军事家、发明家，京兆杜陵（今陕西省西安市）人。汉亡魏立之际，他出生在一个名门望族之家，其祖父杜畿在曹魏政权中官居尚书仆射，封丰乐亭侯。父亲杜恕，曾任幽州刺史。杜预自幼勤学好问，博览经史，精心研究历代兴亡的历史经验。成年后，以学识渊博而闻名。

1. 浮桥

黄河在孟津渡地段水流湍急，渡船常发生危险。杜预力主在富平津（即孟津）建桥。有些大臣反对，他说"造舟为梁"是古人说过的，力排众议，得到晋武帝支持。由他负责设计，终于建成了浮桥，世称"河桥"。晋武帝同百官前往祝贺，并说："非君，此桥不立也。"

2. 连机水碓

当时，民间舂米使用一个单碓，费时费力。杜预经过潜心钻研，发明了连机水碓，就是利用水力带动好几个碓同时舂米。根据王仲荦所著《魏晋南北朝史》上记载，它的动力机械是一个大的立式水轮，安装在江河岸边。水轮的长轴上装有一排滚角不动的短横木，好似一排角相不同的凸轮。当流水冲击水轮使它转动时，轴上横木一个接一个地打动一排碓梢，使碓舂米。这个发明，提高了劳动效率，减轻了劳动者的劳动强度，对社会发展做出了贡献。

任务 2.4 铣削加工夹具认识与操作

一、任务目标

【知识目标】

1）了解铣加工中工件定位知识。

2）了解铣加工中工件夹紧知识。

3）了解铣加工中夹具知识。

4）了解铣加工中夹具使用方法。

【能力目标】

1）能熟练选用夹具。

2）能熟练安装夹具。

【素养目标】

1）培养学生人身安全、设备安全的意识。

2）培养学生环保的意识。

3）培养学生严谨细致的工作态度。

4）培养学生吃苦耐劳的工作作风。

5）培养学生团队协作的能力。

二、铣加工夹具简介

1. 定位

（1）六点定位原理　工件在空间具有六个自由度，即沿 x、y、z 三个直角坐标轴方向的移动自由度和绕这三个坐标轴的转动自由度，沿三个坐标轴移动的自由度分别用 $\vec{x}$、$\vec{y}$、$\vec{z}$ 表示，绕三个坐标轴转动的自由度分别用 $\hat{x}$、$\hat{y}$、$\hat{z}$ 表示，如图 2-13 所示。

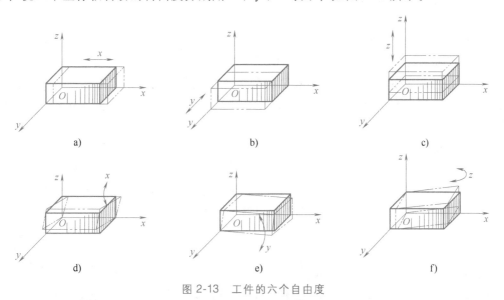

图 2-13　工件的六个自由度

要完全确定工件的位置，就必须消除这六个自由度，通常用六个支承点（即定位元件）来限制关键的六个自由度，其中每一个支承点限制相应的一个自由度，如图 2-14 所示。在 Oxy 平面上，不在同一直线上的三个支承点限制了工件 $\vec{z}$、$\hat{x}$、$\hat{y}$ 三个自由度，这个平面称为主基准面；在平面 Oyz 布置的两个支承点限制了工件 $\vec{x}$、$\hat{z}$ 两个自由度，这个平面称为导向平面；在 Oxz 平面上，被一个支承点限制了 $\vec{y}$ 一个自由度，这个平面称为止动平面。综上所述，若要使工件在夹具中获得唯一确定的位置，就需要在夹具上合理设置相当于定位元件的六个支承点，使工件的定位基准与定位元件紧贴接触，即可消除工件的六个自由度，这就是工件的六点定位原理。

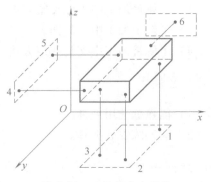

图 2-14　工件的六点定位

（2）六点定位原理的应用　六点定位原理对于任何形状工件的定位都是适用的，如果违背这个原理，工件在夹具中的位置就不能完全确定。用六点定位原理对工件进行定位时，必须根据具体加工要求灵活运用。工件形状不同，定位表面不同，定位点的分布情况也会各不相同，宗旨是使用最简单的定位方法，使工件在夹具中迅速获得正确的位置。

定位可以划分为以下几种。

1）完全定位。工件的六个自由度全部被夹具中的定位元件限制，而在夹具中占有完全确定的唯一位置，称为完全定位。

2）不完全定位。根据工件加工表面的不同加工要求，定位支承点的数目可以少于六个。有些自由度对加工要求有影响，有些自由度对加工要求无影响，只要确定与加工要求有关的支承点，就可以用较少的定位元件达到定位的要求，这种定位称为不完全定位。

3）欠定位。按照加工要求应该限制的自由度设有被限制的定位称为欠定位。欠定位是不允许的，因为欠定位保证不了加工要求。

4）过定位　工件的一个或几个自由度被不同的定位元件重复限制的定位称为过定位，当过定位导致工件或定位元件变形，影响加工精度时，应该严禁采用。但当过定位并不影响加工精度，反而对提高加工精度有利时，也可以采用，要具体情况具体分析。

（3）定位与夹紧的关系　定位与夹紧的任务是不同的，两者不能互相取代。定位是确定坐标位置，夹紧是保证夹紧瞬间的位置可靠并锁定。所以定位不包含夹紧，夹紧包含定位。

2. 常用铣床夹具

机用虎钳是一种铣床通用附件，配合工作台使用，对加工过程中的工件起固定、夹紧、定位作用。机用虎钳由座体、活动钳口、螺母、螺杆等构件组成。按其结构和使用可分为通用机用虎钳、角固式机用虎钳、可倾机用虎钳等，如图 2-15 所示。

a) 通用机用虎钳　　　　　　b) 角固式机用虎钳　　　　　　c) 可倾机用虎钳

图 2-15　常用机用虎钳

三、铣加工夹具操作

机用虎钳使用注意点：

1）机用虎钳固定到工作台面上后，两钳口面与工作台面应该垂直。安装时要把钳口面、虎钳底面、工作台面擦干净。

2）在工作台上固定机用虎钳时，要选择好安装方向，使切削中的铣削力方向指向固定钳口。

3）如果被加工表面相对主轴的垂直度或平行度要求很高，就需要用百分表对固定钳口面进行找正。

4）铣垂直面安装工件时，要使工件上的基准面与固定钳口面接触好，这时可使用一根圆柱棒放在活动钳口面处，当夹紧工件时，圆柱棒和工件呈直线接触，这样工件基准面与固定钳口面能够贴合好，保证了工件垂直面铣削加工的准确。

5）安装较薄或较高的工件时，应在工件两边附上适当厚度的垫板。

6）不要加用机用虎钳扳手接长管将工件夹紧，过大的夹紧力会损坏机用虎钳的精度。

7）夹持粗糙表面时，应在钳口面和工件之间垫上铜质或铝质的薄垫，防止损坏钳口面。

8）夹紧有色金属工件时，用力不要过猛，夹紧力要适当，防止工件变形。

9）安装长度较大工件时，为了防止颤动，可使用两个机用虎钳在工件的适当位置同时进行夹持。

10）应将工件放在机用虎钳的中间夹持，否则会损坏机用虎钳的精度。

四、技能训练

完成样件在机用虎钳上的装夹与拆卸，注意锁紧扳手应及时取下。

五、专业拓展

1. 机用虎钳规格

不同厂商提供的机用虎钳的规格不尽相同。机用虎钳有多种规格，其规格和主要参数见表 2-2。

表 2-2　机用虎钳的规格和主要参数　（单位：mm）

规格		63	80	100	125	160	200	250	315	400
钳口宽度 B	型式 I	63	80	100	125	160	200	250	—	—
	型式 II	—	—	—	125	160	200	250	315	400
	型式 III	—	80	100	125	160	200	250	—	—
钳口高度 h_{min}	型式 I	20	25	32	40	50	63		—	—
	型式 II	—	—	—	40	50	63		80	
	型式 III	—	25	32	38	45	56	75	—	—
钳口最大张开度 L_{min}	型式 I	50	63	80	100	125	160	200	—	—
	型式 II	—	—	—	140	180	220	280	360	450
	型式 III	—	75	100	110	140	190	245	—	—
定位键宽度 A （按 JB/T 8016）	型式 I	12			14		18	22	—	
	型式 II	—	—	—	14			18	22	
	型式 III	—	12		14		18	22	—	

（续）

规格		63	80	100	125	160	200	250	315	400
螺栓直径 d	型式 I	M10		M12		M16		M20		—
	型式 II	—		—		M12		M16		M20
	型式 III	—	M10		M12		M16		M20	—
螺栓间距 p	型式 II（4×d）	—	—	—	—	160	200	250		320

注：机用虎钳的型号和命名一般应符合 JB/T 2329—2011 的规定。

2. 机用虎钳检验

机用虎钳主要检验项目包括外观检测和精度检测。

（1）外观检测　参照机床类产品通用技术条件。

（2）精度检测　以机用虎钳检测项目为基础，主要包括：

1）钳身导轨上平面对底平面的平行度。

2）固定钳口和活动钳口对导轨上平面的垂直度。

3）活动钳口面与固定钳口面在宽度方向的平行度。

4）固定钳口对钳身定位键槽的垂直度。

5）导轨上平面对底座底面的平行度。

6）固定钳口面对底座定位键槽的平行度。

7）检验块上平面对钳身底平面的平行度。

8）检验块上平面对底座底平面的平行度。

六、延伸阅读

中国古代工匠宗师——祖冲之：是我国杰出的数学家、科学家，南北朝时期人。

1. 数学

在数学方面，祖冲之最突出的贡献就是将圆周率精确到了小数点之后的七位，并且写出了数学专著《缀术》，在唐代的时候曾经被当作课本来使用，但是遗憾的是这本著作没有能够流传到今天。另外祖冲之还与儿子一起得出了球体的计算公式。

2. 天文历法

在天文历法方面，祖冲之编制了《大明历》，并且为《大明历》的推行与当时的官员进行了辩论，写出了许多的驳议。并且第一次采用了年差，计算出了交点月日数，回归年日数，还发明了利用圭表测算冬至的方法。

3. 机械

（1）仿制失传的指南车　相传远古时代黄帝对蚩尤作战，曾经使用过指南车来辨别方向，但这不过是一种传说。根据历史文献记载，三国时期的发明家马钧曾经制造过这种指南车，可惜后来失传了。公元 417 年，东晋大将刘裕获得后秦统治者姚兴的一辆旧指南车，车子里面的机械构件已经散失，车子行走时，只能由人来转动木人的手，使它指向南方。后来齐高帝萧道成令祖冲之仿制。祖冲之所制指南车的内部机件全是铜的，制成后，萧道成派大臣王僧虔、刘休两人去试验，结果证明它的构造精巧，运转灵活，无论怎样转弯，木人的手都指向南方。

（2）发明水碓磨　古代劳动人民很早就发明了利用水力舂米的水碓和磨粉的水磨。西晋初年，杜预曾经加以改进，发明了"连机水碓"和"水转连磨"。一个连机水碓能带动好几个石杵一起一落地舂米；一个水转连磨能带动八个磨同时磨粉。祖冲之又在这个基础上进一步加以改进，把水碓和水磨结合起来，发明了水碓磨，生产率就更加提高了。这种加工工具，现在我国南方有些农村还在使用着。

（3）千里船 祖冲之还设计制造过一种千里船。它是利用轮子激水前进的原理造成的，一天能行一百多里（1里=500m）。

（4）欹器 祖冲之还根据春秋时代文献的记载，制了一个"欹器"，送给齐武帝的第二个儿子萧子良。欹器是古人用来警诫自满的器具。器内没有水的时候，是侧向一边的。里面盛水以后，如果水量适中，它就竖立起来；如果水满了，它又会倒向一边，把水泼出去。

任务 2.5　铣削加工量具认识与操作

一、任务目标

【知识目标】

1）了解铣加工常用量具的名称、结构。
2）了解铣加工用量具选用方法。

【能力目标】

1）能熟练选用量具。
2）能熟练使用量具。

【素养目标】

1）培养学生人身安全、设备安全的意识。
2）培养学生环保的意识。
3）培养学生严谨细致的工作态度。
4）培养学生吃苦耐劳的工作作风。
5）培养学生团队协作的能力。

二、铣加工量具简介

1. 游标卡尺

游标卡尺是铣工的常用量具之一，主要用于测量工件的长度、宽度、深度和孔距等尺寸，如图 2-16 所示。

2. 千分尺

千分尺是铣工的常用量具之一，是比游标卡尺更精密的测量工具。常用的千分尺有外径千分尺、内径千分尺、深度千分尺、公法线千分尺等，如图 2-17 所示。

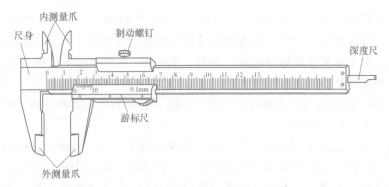

图 2-16　游标卡尺

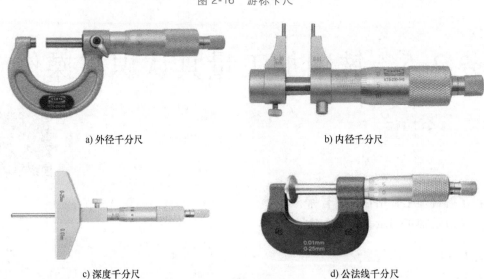

a) 外径千分尺　　　　　　　　　　　　　　　b) 内径千分尺

c) 深度千分尺　　　　　　　　　　　　　　　d) 公法线千分尺

图 2-17　常用千分尺

3. 百分表

百分表是利用齿轮齿条或杠杆齿轮传动，将测杆的直线位移变为指针的角位移的计量器具，如图 2-18 所示。百分表是将被测尺寸引起的测杆微小直线移动，经过齿轮传动放大，变为指针在度盘上的转动。百分表分度值为 0.01mm。常用的百分表有钟面式百分表和杠杆式百分表。百分表安置在表架上，主要用于测量零件表面几何形状和相对位置误差，也可以和其他量具配合用于测量零件的几何尺寸。

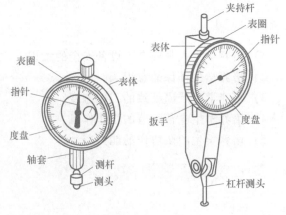

图 2-18　百分表

三、铣加工量具操作

1. 游标卡尺测量操作

游标卡尺的操作参考本书任务 1.5 中的相关内容。

2. 千分尺测量操作

千分尺的操作参考本书任务 1.5 中的相关内容。

3. 百分表测量操作

（1）百分表的使用要求

1）测量面和测杆要垂直。

2）使用规定的支架。

3）测头要轻轻地接触测量物或方量块。

4）测量圆柱形产品时，测杆轴线与产品直径方向一致。

（2）百分表的读数

1）读小指针转过的刻度线（即毫米整数）。

2）读大指针转过的刻度线并估读一位（即小数部分），并乘以 0.01mm。

3）两者相加，即得到所测量的数值。

四、技能训练

学生完成合适量具的选取，并完成样件的测量。

1. 游标卡尺使用注意的事项

游标卡尺使用注意的事项参考本书任务 1.5 中的相关内容。

2. 千分尺使用注意的事项

千分尺使用注意的事项参考本书任务 1.5 中的相关内容。

3. 百分表使用注意的事项

1）使用前，应检查测杆的灵活性。即轻轻推动测杆时，测杆在轴套内的移动要灵活，没有卡顿现象，每次手松开后，指针能回到原来的刻度位置。

2）为方便读数，在测量前一般都让大指针指到度盘的零位。

3）使用时，必须把百分表固定在可靠的夹持架上。切不可贪图省事，随便夹在不稳固的地方，否则容易造成测量结果不准确，或摔坏百分表。

4）用百分表找正或测量零件时，应当使测杆有一定的初始测力。

5）测量时，不要使测杆的行程超过它的测量范围，不要使表头突然撞到工件上，也不要用百分表测量表面有显著凹凸不平的工件。

6）测量平面时，百分表的测杆要与平面垂直，测量圆柱形工件时，测量杆要与工件的中心线垂直。

7）检查工件平整度或平行度时，将工件放在平台上，使测头与工件表面接触，调整指针使它摆动，然后把度盘零位对准指针，跟着慢慢地移动表座或工件，当指针顺时针方向摆动时，说明工件偏高，逆时针方向摆动时，则说明工件偏低。

8）在使用百分表过程中，要严格防止水、油和灰尘渗入表内，测杆上不要加油，免得粘有灰尘，影响表的灵活性。

9）百分表不使用时，应使测杆处于自由状态，以免表内的弹簧失效。

五、专业拓展

百分表是利用精密齿轮齿条机构制成的测量工具，日常使用时要注意保养。

1）要轻拿轻放百分表，不要随便来回拨动测杆，否则会加快表内齿轮零件的磨损。

2）不要使测头突然撞在工件上，不要敲打百分表的任何部位。

3）测量时应轻轻提拉测杆上端，将工件放在测头下，再放手使其自行落下。

4）测杆移动不灵活或发生阻滞时，不要强力推压，否则会损坏百分表。

5）严格防止水和油渗入表内。

6）不要随便拆开表的后盖，以免灰尘和油污侵入机件，致使机件损坏、精度降低。

7）在不使用百分表时，应让测杆自由放松，让表处于自由状态，不让它的内部机件受到任何外力的作用，以免表内的弹簧失效。装夹在表架上的百分表，不使用时应拆下来保存，以保持百分表的精度。

8）百分表使用完后要擦净放回盒内，严禁在测杆上涂凡士林油，否则会使测杆和轴套粘结。

9）百分表应放在干燥无腐蚀性气体的环境中保存，严禁把百分表泡在冷却液或其他液体中。

10）严格按周期对百分表进行校准。

六、延伸阅读

中国古代工匠宗师——李春：隋代著名的桥梁工匠，他建造了举世闻名的赵州桥，开创了我国桥梁建造的崭新局面，为我国桥梁技术的发展做出了巨大贡献。

赵州桥是安济桥的俗称，位于今河北省石家庄市赵县城南五里的河上，横跨河南北两岸，是中国现存最早的大型石拱桥，也是世界上现存最古老、跨度最长的敞肩圆弧拱桥。大桥全长 50.83m，宽 9m，主孔净跨度为 37.02m。全桥全部用石块建成，共用石块 1000 多块，每块石重达 1t，桥上装有精美的石雕栏杆，雄伟壮丽、灵巧精美。它以首创的敞肩圆弧拱结构形式、精美的建筑艺术和施工技巧等杰出成就，在中外桥梁史上引人瞩目，充分代表了中国古代劳动人民在桥梁建造方面的丰富经验和高度智慧，把中国古代建筑技术提高到了一个全新的水平。

赵州桥的设计在中国桥梁技术史上有以下创新：

1）采用圆弧拱形式，改变了中国大石桥多为半圆形拱的传统。

2）采用敞肩，这是李春对拱肩进行的重大改进，把以往桥梁建筑中采用的实肩拱改为敞肩拱。

3）采用单孔，李春在设计大桥的时候，采取了单孔长跨的形式，河心不立桥墩，使石拱跨径长达 37m 之多。这是中国桥梁史上的空前创举。赵州桥不仅设计独特，而且建造技术也非常出色，有许多创造性，赵州桥的敞肩圆弧拱形式是中国古代人民的一大创造。西方在 14 世纪才出现敞肩圆弧石拱桥，比中国晚了 600 多年。英国著名中国科学技术史专家李约瑟博士在其巨著《中国科学技术史》中曾经列举了 26 项从 1 世纪到 18 世纪先后由中国传到欧洲和其他地区的科学技术成果，其中的第 18 项就是弧形拱桥。

赵州桥建成后成为中国南北交通的要冲，有"坦途箭直千人过，驿使驰驱万国通"的美誉。这座大桥自建成至今已有 1400 多年，这期间经历了 8 次以上地震的影响，8 次以上战争的考验，承受了无数次人畜车辆的重压。赵州桥已成为中国人民聪明智慧的象征和进行爱国主义、历史主义教育的场所。赵州桥的建成在中国桥梁史上具有重要影响，它的大跨度、圆弧拱、敞肩形式为以后的桥梁建设开创了新的天地。李春作为一代桥梁专家，赵州桥作为一座历史名桥将永载祖国史册，为后人所牢记。

任务 2.6　镇纸加工

【工作描述】

依据图样要求，铣削镇纸外形，保证尺寸、平行度、垂直度、表面粗糙度等技术要求，如图 2-19 所示。

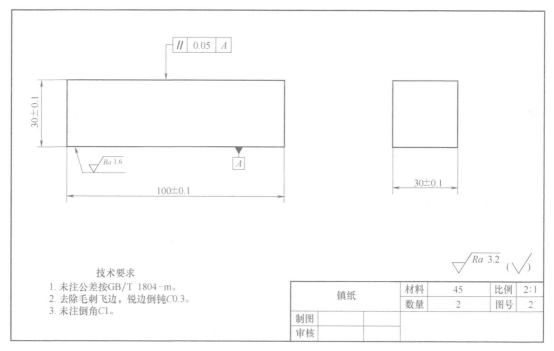

图 2-19　镇纸

一、任务目标

【知识目标】

1）了解铣削加工工艺分析的基本内容。

2）了解铣削加工机床、刀具、夹具以及量具的选用方法。

3）了解铣削方式和铣削用量的选用方法。

【能力目标】

1）能根据零件图结构、尺寸及技术要求等，编制平面铣削工艺。

2）能根据加工工艺要求正确安装刀具和工件。

3）掌握铣削平面的操作技能。

4）能正确使用量具完成工件检测。

【素养目标】

1）培养学生人身安全、设备安全的意识。

2）培养学生环保的意识。

3）培养学生严谨细致的工作态度。

4）培养学生吃苦耐劳的工作作风。

5）培养学生团队协作的能力。

二、镇纸加工工艺分析

1. 读零件图

1）认真分析零件图，确认镇纸的材料为45钢、数量为2。

2）认真分析零件图，确认镇纸为简单平面类零件。

3）明确镇纸各部位的尺寸、公差和表面粗糙度要求。

2. 选择毛坯

根据工件外形尺寸以及确保加工精度所必须预留的加工余量，确定毛坯尺寸为 32mm×32mm×102mm 的型材。

3. 选择加工方式

镇纸属于简单平面类零件，涉及的加工内容有基准准备、平面加工等，选用的加工设备是铣床。

三、镇纸加工工艺编制

镇纸的加工工艺卡见表2-3。

表2-3　镇纸的加工工艺卡

序号	内容	实施步骤	注意事项
1	安装夹具	1）擦干净钳座底面和铣床工作台面 2）找正钳口，使其与工作台纵向进给方向平行 3）紧固钳体	
2	安装刀具	选择直径为40mm的镶片式面铣刀，完成刀具安装	夹紧

（续）

序号	内容	实施步骤	注意事项
3	安装工件	1）选择毛坯件上一个大而平整的毛坯面作为基准面,将其靠在固定钳口面上,并在工件与导轨之间垫适当厚度的平行垫铁 2）在钳口和工件毛坯之间应垫铜皮,以防损伤钳口	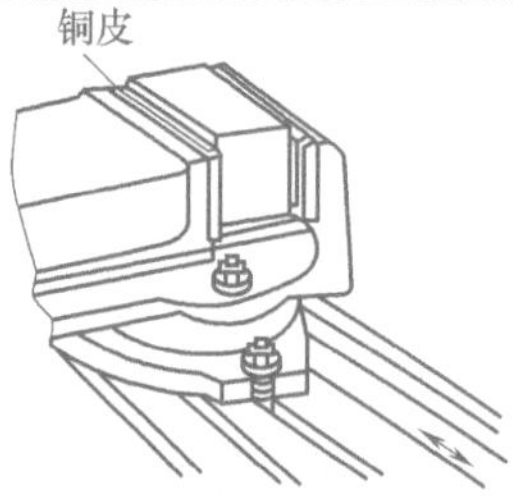
4	粗铣	粗铣,留精加工余量,周边去毛刺	具体步骤见表2-4
5	精铣	精铣6面,周边去毛刺	具体步骤见表2-4
6	检测工件	1）检查表面粗糙度 2）检测平行度	

四、技能训练

1. 加工实施

镇纸加工的基本步骤见表2-4。

表2-4 镇纸加工的基本步骤

步骤	加工内容	示意图
1	对刀	
2	铣削 A 面	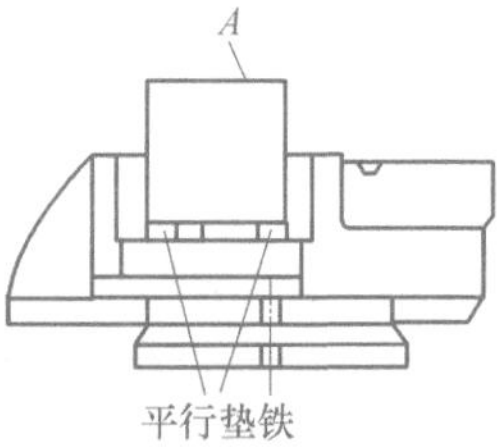
3	铣削 B 面	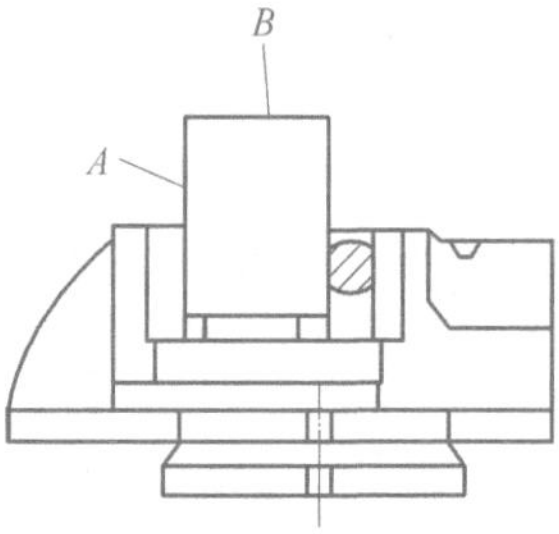
4	铣削 C 面	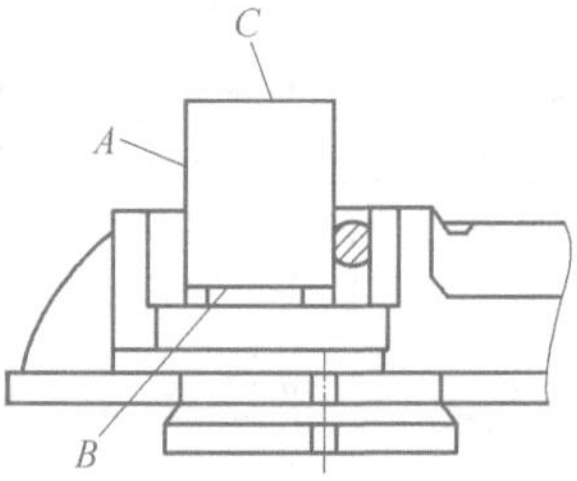

（续）

步骤	加工内容	示意图
5	铣削 D 面	
6	找正工件垂直度	
7	铣削 E 面	
8	铣削 F 面	

2. 镇纸检测

参考编制的工艺卡，完成镇纸的加工，将镇纸零件相关尺寸的检测结果填写在表 2-5 中。

表 2-5　镇纸检测表

序号	检测内容	要求	分值	学生自评			教师评价			评分记录
				实际尺寸	完成情况		实际尺寸	完成情况		
					是	否		是	否	
1	100mm	±0.1mm	20							
2	30mm	±0.1mm	20							
3	30mm	±0.1mm	20							
4	底面表面粗糙度	$Ra1.6\mu m$	10							
5	其余表面粗糙度（五处）	$Ra3.2\mu m$	20							
6	平行度	0.05mm	10							
总计										

五、专业拓展

由于机床本身、操作人员水平差异、工艺编排合理性等因素的影响，都会出现一定的加工质量问题，分析出导致加工质量问题的原因，找到合理的改进方法，有重要的现实意义。加工质量问题的部分原因分析见表2-6。

表2-6　加工质量问题的部分原因分析

序号	存在缺陷	原因分析
1	几何尺寸超差	1）看错刻度或摇错手柄圈数，或没有消除进给丝杠副间隙 2）测量不准确 3）在切削过程中工件有松动现象
2	平面度超差	1）用面铣刀铣削时主轴轴线与工作台面不垂直 2）工件受夹紧力和铣削力的作用发生变形 3）工件本身存在内应力，在表面层材料被切除后产生变形 4）铣床工作台进给运动的直线度超差 5）铣床主轴轴承的轴向和径向间隙过大 6）切削力和切削热过大引起工件热变形
3	垂直度超差	1）固定钳口与工作台面不垂直 2）基准面没有与固定钳口贴合 3）夹紧力太大，使固定钳口向外倾斜而与工作台面不垂直
4	平行度超差	1）基准面与机用虎钳导轨不平行 2）平行垫铁的厚度不均匀 3）平行垫铁的上、下表面与工件基准面或机用虎钳钳体导轨面之间有杂物 4）工件上与固定钳口贴合的平面与基准面不垂直 5）活动钳口与机用虎钳钳体导轨间存在间隙，在夹紧工件时活动钳口受力上翘，使活动钳口一边的工件也随之上移，从而使工件基准面与机用虎钳钳体导轨面不平行 6）机用虎钳钳体导轨面与工作台面不平行
5	表面粗糙度超差	1）铣刀磨损，刃口变钝，切削过程中温度过高，产生积屑瘤或切屑有粘刀现象 2）切削速度或进给量等切削用量不合理 3）铣刀的几何参数选择不合理 4）切削液选择不合理 5）铣削时产生振动 6）在切削过程中改变进给量

六、延伸阅读

中国古代工匠宗师——马待封：唐朝人，在当时被称为"中华第一神匠"，同时被现代专家学者誉为中国制造"机器人"第一人。

马待封被征召到长安后，首先修好了唐玄宗外出的法驾——一种利用六匹马拉的豪华马车。紧接着，他又把宫中损坏多年、堆在库房的"指南车""记里鼓车""相风鸟"等许多器械、仪器进行了修理、改造，使这些老物件比之前更为精美，令皇帝和大臣们叹为观止。

随后，马待封为了更好地展现自己的才能，决定为皇后打造一台木头机器人的梳妆台。这个梳妆台分为两层，在皇后要梳洗的时候，按下按钮，第一层里会有一个木头人出来递送毛巾梳子等梳洗用品，用完后小木人自动退回。然后，在皇后要化妆的时候，第二层的木头人会端着胭脂水粉等化妆用品出来，等皇后用完后再自动返回原地。这个木头机器人梳妆台很是神奇，犹如一个笨手笨脚的小丫鬟。它肯定不会像人那么灵活，但在唐朝已经相当先进和新奇了，因此得到皇后等贵族的喜爱。因此，现代科学家更是将此梳妆台定为"中华第一机器人"。随后，马待封又制造了酒山、欹器等巧夺天工的器物。

项目3 钳工认识与操作

PROJECT 3

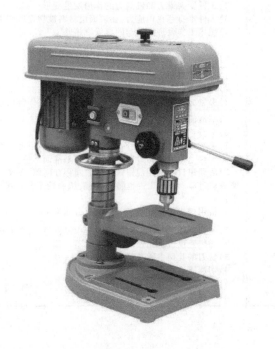

注意事项与工作提示：

保持安全、文明生产是钳工加工中的基本要求，是防止人员伤亡或设备事故的根本故障。它直接涉及人身安全、产品质量和经济效益，影响设备和工、夹、量具的使用寿命，以及生产工人技术水平的正常发挥。在学习掌握操作技能的同时，务必养成良好的安全、文明生产习惯，对于从长期生产活动中总结出的教训和实践经验，必须认真领会和借鉴。

1）工作前先检查工作场地及工具是否安全，若有不安全之处及损坏现象，应及时清理和修理，并安放妥当。

2）使用錾子时，应将刃部磨锋，尾部毛刺磨掉，錾切时严禁錾口对人，并注意切屑飞溅方向，以免伤人，使用锤子时要检查把柄是否松脱，并擦净油污。握锤子的手不准戴手套。

3）使用的锉刀必须带锉刀柄，操作中除锉圆面外，锉刀不得上下摆动，应重推出、轻拉回，保持水平运动，锉刀不得沾油，存放时不得互相叠放。切屑不能用嘴吹，以防屑末飞入眼睛里，不能用手去摸工作面，避免打滑和再加工时费力，应用刷子清理。

4）使用的扳手要符合螺母的尺寸要求，站好位置，同时注意旁人，以防扳手滑脱伤人，扳手不允许当锤子使用。

5）使用电钻前，应检查是否漏电（如果有漏电现象应交付电工处理），并将工件放稳，人要站稳，手要握紧，两手用力要均衡并掌握好方向，保持钻杆与加工表面垂直。

6）使用台虎钳时，应根据工件精度要求加放钳口铜片，不允许在钳口上猛力敲击工件，锁紧台虎钳时，用力应适当，不能加加力杆，台虎钳使用完毕，须将台虎钳清理干净，并将钳口松开。

7）使用卡钳测量时，卡钳一定要与被测工件的表面垂直或平行。

8）使用游标卡尺、千分尺、指示表等精密量具测量时，均应轻而平稳，不可在毛坯等粗糙的表面上测量，不许测量正在发热的工件。

9）使用指示表时，应使表与表架在表座上相对稳固，以免造成倾斜和摆动。

10）使用水平仪时，要轻拿轻放，不要撞击，接触面未擦干净前，不准将水平仪摆上。

11）攻、套螺纹与铰孔时，丝锥与铰刀中心均要与孔中心一致，用力要均匀，并按先后顺序进行。攻、套螺纹时，应注意反转，并根据材料性质，必要时加润滑油，以免损坏板牙和丝锥，铰孔时不准反转，以免切削刃崩坏。

12）刮研时，工件应放置平稳，工件与标准面相互接触时应轻而平稳，并且不与棱角接触与撞击，以免损坏表面。刮削工件边缘时，刮刀方向应与边缘成一定的角度进行。

13）锡焊时，被焊接部位应进行仔细的清洁处理，然后加热到焊料的熔化温度，速度要快，以免表面产生氧化物。焊接好的物件应逐步冷却，应严格按其工艺规程进行。

14）工件热装时，油温应低于油的闪点20℃，被加热的工件不得接触油箱。加热时不允许有大火苗，同时应有防火措施。

15）检修设备时，必须先切断电源。拆卸修理过程中，拆下的零件应按拆卸顺序有条理地摆放，并做好标记，以免安装时弄错，拆修完毕要认真清点工具、零件是否齐全，严防工具、零件掉入转动的机器内部。经检查无误后方可进行试车，办理移交手续。

16）设备在安装和检修过程中，应认真做好安装和检修的技术数据记录，如果设备有缺陷，或进行了技术改进，应全面做好处理缺陷或改进的施工，详细记录。

17）工作完毕后，收放好工具、量具，擦洗设备，清理工作台及工作场所，精密量具应仔细擦净存在盒子里。

任务3.1 钳工工具认识与操作

一、任务目标

【知识目标】

1）了解常用钳工的概念、特点及主要工艺范围。

2）了解常用钳工的加工工具及使用要求。

【能力目标】

1）能熟练使用常用钳工工具。

2）能选择合理的钳工加工方式。

【素养目标】

1）培养学生人身安全、设备安全的意识。

2）培养学生环保的意识。

3）培养学生严谨细致的工作态度。

4）培养学生吃苦耐劳的工作作风。

5）培养学生团队协作的能力。

二、钳工简介

钳工是机械制造中最古老的金属加工技术，因常在钳工台上用台虎钳夹持工件操作而得名。钳工作业主要包括錾削、锉削、锯削、划线、钻孔、铰孔、攻螺纹和套螺纹、刮削、研磨、矫正、弯曲和铆接等。

1. 钳工主要优点

1）加工灵活，在不适用于机械加工的场合，尤其是在机械设备的维修工作中，钳工加工可获得满意的效果。

2）可加工形状复杂和高精度的零件，熟练的钳工可加工出比现代化机床加工的零件更精密和光洁的零件，可以加工出连现代化机床也无法加工的形状非常复杂的零件，如高精度量具、样板和复杂的模具等。

3）投资小，钳工加工所用工具和设备价格低廉，携带方便。

2. 钳工主要缺点

1）基本全部由人工完成，生产率低，劳动强度大。

2）加工质量的高低受工人技术熟练程度的影响，加工质量不稳定。

三、钳工工具

1. 钳工工作台

钳工工作台用来安装台虎钳、放置工具和工件，如图3-1所示。钳工工作台的高度一般为800~900mm，当安装台虎钳后，钳口与人的手肘齐高为宜，长度和宽度随工作需要而定。

2. 台虎钳

（1）台虎钳简介　台虎钳作为钳工加工必备工具，也是钳工的名称来源，如图3-2所示。台虎钳安装在工作台上，主要用来夹持待加工工件，是钳工必备工具。钳工操作的大部分工作都是在台虎钳上完成的，比如锯、锉、錾等。

（2）台虎钳结构　转盘座通过螺栓与钳工工作台固定，固定钳身装在转盘座上，并能绕转盘座轴线转动，当转到要求的方向时，扳动夹紧手柄使夹紧螺钉旋紧，便可在夹紧盘的作用下把固定钳身固紧。活动钳身通过导轨与固定钳身的导轨孔做滑动配合。丝杠安装在活动钳身上，可以旋转，并与安装在固定钳身内的螺母配合。当摇动拨杆使丝杠旋转时，就可带动活动钳身相对于固定钳身做进退移动，起到夹紧或松开工件的作用。钳口的工作面上制有交叉的网纹，工件夹紧后不易产生滑动，且钳口经过热处理淬火，具有较好的耐磨性。

图3-1　钳工工作台

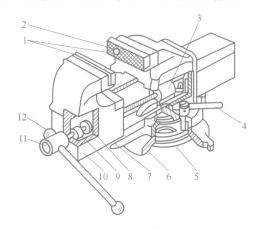

图3-2　台虎钳

1—钳口　2—螺钉　3—螺母　4—夹紧手柄　5—夹紧盘
6—转盘座　7—固定钳身　8—挡圈　9—弹簧
10—活动钳身　11—丝杠　12—拨杆

（3）台虎钳规格　台虎钳的规格以钳口的宽度表示，常用的有100mm、125mm和150mm等。

3. 砂轮机

砂轮机是用来刃磨各种刀具、工具的常用设备，也用作普通小零件进行磨削、去毛刺等。砂轮机主要由基座、砂轮、电动机或其他动力源、托架、防护罩和给水器等组成，如图3-3所示。

4. 台钻

台钻全称为台式钻床，主要用作中小型零件钻孔、扩孔、铰孔、攻螺纹等，具有动力小、刚度高、精度高、操作方便及易于维护的特点，如图3-4所示。

图3-3　砂轮机

图3-4　台钻

5. 常用工、量、刃具

（1）钳工常用工具　钳工常用工具有锤子、平板、划规、划针和样冲等，见表3-1。

表 3-1 钳工常用工具

钳工常用工具	图片	钳工常用工具	图片
锤子		橡胶锤	
电工钳		螺钉旋具	
卡簧钳(孔用)		卡簧钳(轴用)	
活扳手		梅花扳手	
呆扳手		内六角扳手	
平板		划针	
划规		样冲	

（2）钳工常用刃具　钳工常用刃具有麻花钻、铰刀、錾子、锉刀和手锯等，见表3-2。

表3-2　钳工常用刃具

钳工常用刃具	图片	钳工常用刃具	图片
麻花钻		铰刀	
錾子		锉刀	
去毛刺刀		手锯	
板牙	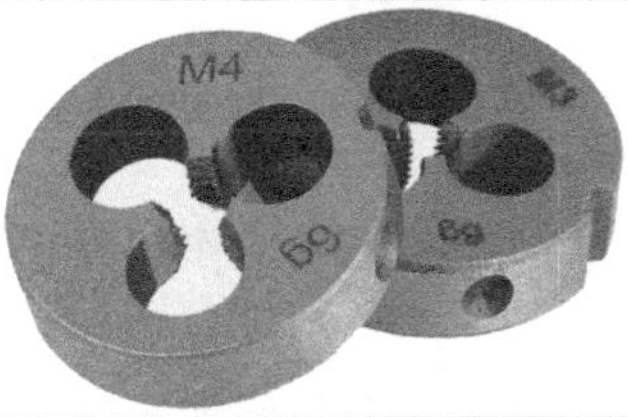	丝锥	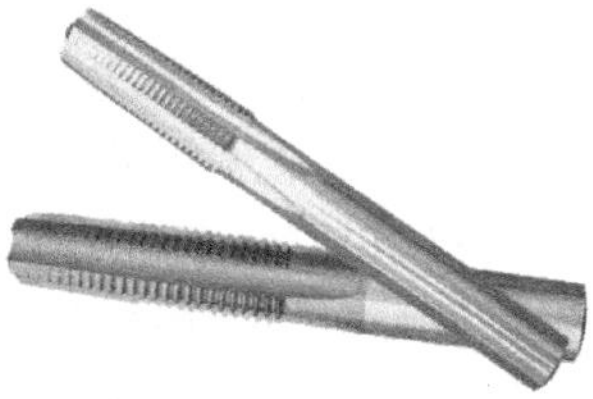

（3）钳工常用量具　钳工常用量具有钢直尺、游标卡尺、塞尺、90°角尺、千分尺和游标万能角度尺等，见表3-3。

表3-3　钳工常用量具

钳工常用量具	图片	钳工常用量具	图片
钢直尺		游标卡尺	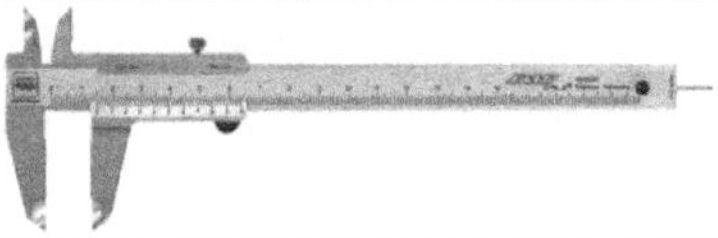
刀口形直角尺	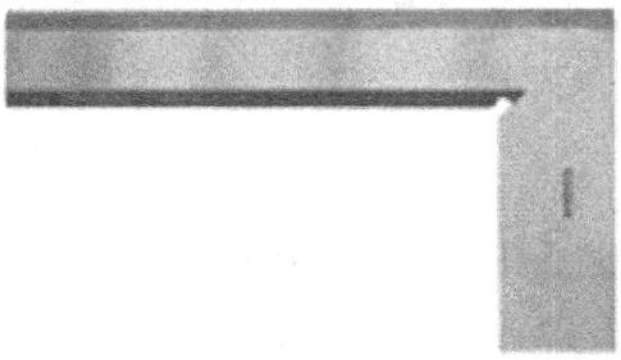	塞尺	
游标高度卡尺	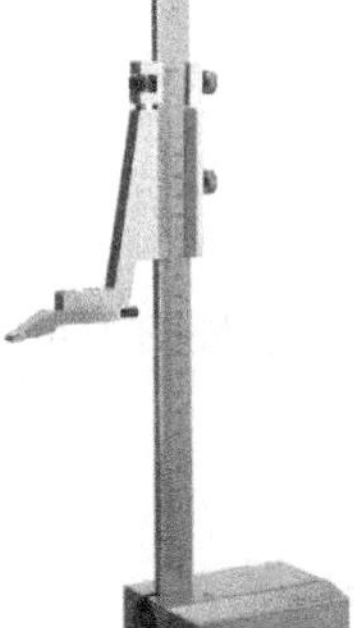	90°角尺	

（续）

钳工常用量具	图片	钳工常用量具	图片
千分尺	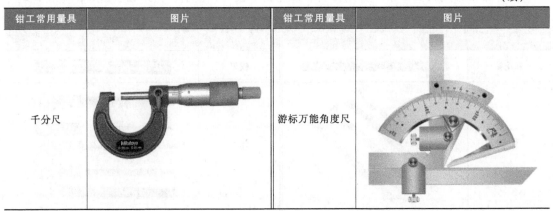	游标万能角度尺	

四、技能训练

熟悉台虎钳的操作方法，完成样件的装夹、调整等动作练习。

台虎钳的正确使用方法：

1）台虎钳安装在钳工工作台上时，必须使固定钳身的钳口工作面处于钳工工作台边缘之外，以保证可以夹持长条形工件。

2）台虎钳必须牢固地固定在钳工工作台上，扳动夹紧手柄使夹紧螺钉旋紧，工作时应保证钳身无松动现象，否则易损坏台虎钳和影响工作质量。

3）活动钳身的光滑平面，不准用锤子敲击，以免降低它与固定钳身的配合性能。

4）夹持工件时，只允许用双手的力量来夹紧或放松手柄，不允许用套管接长手柄或用锤子敲击，以免损坏机件。

五、专业拓展

1. 钳工职业等级

钳工职业共设五个等级，分别为：初级（国家职业资格五级）、中级（国家职业资格四级）、高级（国家职业资格三级）、技师（国家职业资格二级）、高级技师（国家职业资格一级）。

鉴定方式分理论知识考试和技能操作考核。理论知识考试采用闭卷笔试方式，技能操作考核采用现场实际操作方式。理论知识考试和技能操作考核均实行百分制，成绩皆达 60 分以上者为合格。技师、高级技师鉴定还须进行综合评审。

2. 钳工工种

普通钳工：对零件进行装配、修整、加工的人员。

机修钳工：主要从事各种机械设备的维护修理工作的人员。

工具钳工：主要从事工具、模具、夹具的设计制造和修理的人员。

六、延伸阅读

中国古代工匠宗师——毕昇：北宋蕲州（今湖北英山县人），为北宋发明家，活字印刷术的发明者。

毕昇活字印刷术规制：首先用胶泥做成一个个规格一致的毛坯，在一端刻上反体单字，字划凸起的高度像铜钱边缘的厚度一样，再用火烧硬，使其成为单个的胶泥活字。为了适应排版的需要，一般常用字都备有几个甚至几十个，以备同一版内重复的时候使用。遇到不常用的冷僻字，如果事前没有准备，可以随制随用。为便于拣字，把胶泥活字按韵分类放在木格子里，贴上纸条标明。排字后把需要的胶泥活字拣出来一个个排进框内。排满一框就成为一版，再用火烘烤，等药剂稍微熔化，用一块平板把字面压平，药剂冷却凝固后，便可成为版型。印刷的时候，只要在版型上刷墨、覆纸，加一定的压力即可。为了连续印刷，使用两块铁板，一版加刷，另一版排字，两版交替使用。印完以后，用火把药剂烤化，用手轻轻一抖，活字就可以从铁板上脱落下来，再按韵放回原来的木格里，以备下次使用。

毕昇创造发明的胶泥活字、木活字排版，是中国印刷术发展中的一次根本性改革，是对中国劳动人民长期实践经验的科学总结，对中国和世界各国的文化交流做出了伟大贡献。

任务 3.2　划线认识与操作

一、任务目标

【知识目标】

1）了解常用划线工具的特点及主要应用范围。
2）了解划线的基本要求与注意点。
3）了解打样冲眼的相关知识。

【能力目标】

1）能完成划线的操作。
2）能完成打样冲眼的操作。

【素养目标】

1）培养学生人身安全、设备安全的意识。
2）培养学生环保的意识。
3）培养学生严谨细致的工作态度。
4）培养学生吃苦耐劳的工作作风。
5）培养学生团队协作的能力。

二、划线简介

1. 划线

划线是在毛坯或待加工工件上，依据准备加工的零件尺寸要求，用划线工具划出尺寸界线或作为基准的点、线的操作过程。有时划完线后，会在线上间隔适当距离冲眼（点）或在中心点处直接冲眼，起突出显示的作用。

划线分平面划线和立体划线。只需在工件的一个平面上划线，便能明确表示出加工界线的，称为平面划线；需要在工件几个不同方向的表面上同时划线，才能明确表示出加工界线的，则称为立体划线。

划线的作用不但有明确的尺寸界线，以确定工件上各加工面的加工位置和加工余量，并且能及时发现和处理不合格的毛坯，避免加工后造成损失。当毛坯误差不太大时，往往依靠划线时用借料的方法予以补救，使加工后的零件仍能符合图样要求。

划线的基本要求：

1）保证尺寸准确。

2）线条清晰均匀。

3）长、宽、高三个方向的线条互相垂直。

4）不能依靠划线直接确定加工零件的最后尺寸。

2. 划线工具

（1）钢直尺　钢直尺是一种简单的尺寸量具，也可用作划线时的导向工具，如图 3-5 所示。

（2）划针　划针是钳工用来在工件表面划线条的工具，将其尖端磨成 15°～20° 尖角，并经淬火使之硬化，保证划出的线条宽度在 0.05～0.1mm 内，如图 3-6 所示。有的划针在尖端部位焊有硬质合金，耐磨性更好，用于铸件或锻件等加工表面。

图 3-5　钢直尺

图 3-6　划针

划针使用的技术要点：

1）当钢直尺和划针连接两点间直线时，应先用划针和钢直尺定好下一点的划线位置，然后调整钢直尺使之与前一点的划线位置对准，再划出连接直线。

2）划线时针尖要紧靠导向工具的边缘，上部向外侧倾斜 15°～20°，向划线移动方向倾斜 45°～75°。

3）针尖保持尖锐，尽量做到一次划成，使划出的线条既清晰又准确。

4）不用时，划针不能插在衣服口袋中，以免伤人。

（3）划规　划规是用中碳钢或工具钢制成的，两脚尖端经淬火后磨锐，如图 3-7 所示。划规可用来划圆和圆弧、等分线段、等分角度以及量取尺寸等。

划规使用的技术要点：

1）划规两脚的长短要稍有不同，而且两脚合拢时脚尖能靠紧，这样才可划出尺寸较小的圆弧。

图 3-7　划规

2）划规的脚尖应保持尖锐，以保证划出的线条清晰。

3）划圆弧时，应将手的发力点放在作为圆心的一脚，以防中心滑移。

4）两脚尖应在同一平面内，否则尺寸应做相应地调整。

（4）划线平台 划线平台（又称划线平板），是用铸铁制成的，表面经精刨或刮削加工，具有较高的精度，作为划线时的基准面，如图3-8所示。划线平台一般用木架搁置，放置时应使平台工作表面处于水平状态。

划线平台使用的技术要点：

1）安装时，应使工作面保持水平位置，以免日久变形。

2）工件和工具在划线平台上要轻拿、轻放，不可损伤其工作面。

3）划线平台工作面各处要均匀使用，以免造成局部磨损。

图3-8 划线平台

4）划线平台工作表面应经常保持清洁，防止切屑、砂粒等划伤平台表面。

5）用后要擦拭干净，并涂油防锈。

6）工作面应定期检查，给予及时调整和研修，保证工作面的水平状态及平面度。

（5）游标高度卡尺 游标高度卡尺由钢直尺和底座组成，配合划线盘量取高度尺寸，如图3-9所示。游标高度卡尺是一种精密量具，分度值为0.02mm，装有硬质合金划线脚，能直接表示出高度尺寸，通常用于半成品划线。

（6）平面形直角尺 平面形直角尺在钳工中应用广泛，常用来找正工作平面间的垂直位置，作为划垂直线及平行线的导向工具，如图3-10所示。

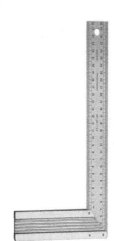

图3-9 游标高度卡尺   图3-10 平面形直角尺

3. 打样冲眼

在钳工中，为了避免划出的线被擦掉，要在划出线上以一定的距离或钻孔的中心点打一个小孔作标记，这个小孔被称为样冲眼。

样冲用于在工件所划加工线条上冲眼，来加强界线标志（称检验样冲眼）和作划圆弧或钻孔定中心（称中心样冲眼）。它一般用工具钢制成，尖端处淬硬，其顶尖角度用于加强界线标志时大约为40°，用于钻孔定中心时大约为60°，如图3-11所示。

打样冲眼的方法：先将样冲外倾使尖端对准线的正中，然后再将样冲竖直冲眼，如图3-12所示。

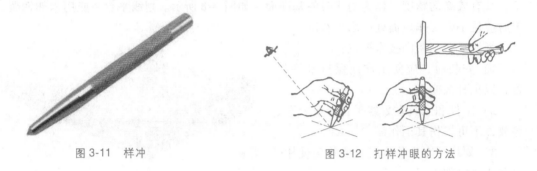

图3-11　样冲　　　　　　　　　　　图3-12　打样冲眼的方法

三、划线与打样冲眼操作

1. 划线操作

1）所谓划线基准是指在划线时选择工件上的某个点、线、面作为依据，用它来确定工件的各部分、几何形状和相对位置。

2）合理地选择划线基准是做好划线工作的关键。只有划线基准选择得好，才能提高划线质量和效率，并相应提高工件的合格率。

3）虽然工件的结构和几何形状各不相同，但任何工件的几何形状都是由点、线、面构成的。因此不同工件的基准虽有不同，但都离不开点、线、面的范围。在零件图上用来确定其点、线、面位置的基准称为设计基准。

4）划线时，应从划线基准开始。在选择划线基准时，应先分析图样，找出设计基准。使划线基准与设计基准尽量一致，这样能直接量取划线尺寸，简化换算过程。

2. 打样冲眼操作

1）位置要准确，中心不可偏离线条。

2）在曲线上冲眼距离要小些，在直线上冲眼距离可大些，短直线至少应有3个眼。

3）线条的交叉转折处必须冲眼。

4）冲眼的深浅要掌握适当，在光滑表面上冲眼时要浅或不冲眼，粗糙表面上应深些；薄工件冲眼应浅，以防变形；软材料不需冲眼；孔的中心眼应冲深些，以便钻孔时钻头对准中心。

5）在需用划规划圆弧的地方，应在圆心上冲眼，来作为划规脚尖的立脚点，以防划规滑动。

四、技能训练

依据样件的要求，完成划线与打样冲眼操作。

1. 工具的准备

划线前，必须根据工件划线的图样及各项技术要求，合理地选择所需的各种工具。每件工具都要进行检查，如果有缺陷，应及时修整或更换，否则会影响划线质量。

2. 工件的准备

1）工件的清理。

2）工件的涂色。常用涂色液有石灰水或蓝油。

3）在工件孔中装中心塞块，以便找孔的中心，用划规划圆。

3. 练习

1）看清图样，详细了解工件上需要划线的部位；明确工件及其划线有关部分在产品中的作用和要求；了解有关后续加工工艺。

2）确定划线基准。

3）初步检查毛坯的误差情况，确定借料的方案。

4）正确安放工件和选用工具。

5）划线。先划基准线和位置线，再划加工线，即先划水平线，再划竖直线、斜线，最后划圆、圆弧和曲线。

6）仔细检查划线的准确性及是否有线条漏划，对错划或漏划应及时改正，保证划线的准确性。

7）在线条上冲眼。冲眼时必须冲正，毛坯面要适当深些；已加工面或薄板件要浅些、稀些；精加工面和软材料上可不打样冲眼。

五、专业拓展

基准是用来确定生产对象几何要素间的几何关系所依据的点、线、面。划线基准一般可分为以下 3 种类型：

1）以两个互相垂直的平面（或线）为基准。零件上互相垂直两个方向的尺寸都是依照它们的外平面（在图样上是一条线）来确定的。此时，这两个平面分别是每一方向的划线基准。

2）以两条中心线为基准。零件上两个方向的尺寸与中心线具有对称性，并且其他尺寸也从中心线开始标注。此时，这两条中心线分别是这两个方向的划线基准。

3）以一个平面和一条中心线为基准。零件高度方向上的尺寸以底面为依据，此底面是高度方向的划线基准，而宽度方向的尺寸对称于中心线，所以中心线是宽度方向的划线基准。

注意：划线时零件每一个方向都需选择一个基准，因此，平面划线时一般要选择两个划线基准，而立体划线时一般要选择三个划线基准。

六、延伸阅读

中国古代工匠宗师——沈括：字存中，号梦溪丈人，汉族，浙江杭州钱塘县人，北宋政治家、科学家和发明家。

沈括一生致志于科学研究，在众多学科领域都有很深的造诣和卓越的成就，被誉为"中国整部科学史中最卓越的人物"。在天文上，制造过我国古代观测天文的主要仪器——浑天仪；在数学上，创造了新的高等级数求和法——隙积数，还发明了会圆术；在物理学中，他记录了指南针原理及多种制作方法、发现地磁偏角的存在、阐述凹面镜成像的原理和对共振等规律加以研究。他晚年写出了著名的《梦溪笔谈》，其内容丰富，集前代科学成就之大成，在世界文化史上有着重要的地位。

任务 3.3　锯削认识与操作

一、任务目标

【知识目标】

1）了解锯削的相关知识。

2）了解锯弓、锯条的相关知识。

3）了解安装锯条的方法。

4）了解调整锯弓的方法。

【能力目标】

1）能熟练选用锯条。

2）能熟练安装锯条。

3）能熟练调整锯弓。

4）能熟练锯削工件。

【素养目标】

1）培养学生人身安全、设备安全的意识。

2）培养学生环保的意识。

3）培养学生严谨细致的工作态度。

4）培养学生吃苦耐劳的工作作风。

5）培养学生团队协作的能力。

二、锯削简介

1. 锯削简介

锯削（锯割）是用锯条对材料进行切削和分割的一种加工方法，它适用于较小材料或工件的加工，其应用范围见表 3-4。

表 3-4　锯削的应用范围

锯削的应用范围	示　意　图
分削各种材料或半成品	

（续）

锯削的应用范围	示　意　图
锯掉工件上的多余部分	
在工件上锯槽	

2. 锯削工具

（1）锯弓　手锯由锯弓和锯条构成，可调式锯弓通过调整可以安装不同长度的锯条，如图 3-13 所示。

（2）锯条　锯条是开有齿刃的钢片条，用来直接锯削材料或工件的刃具，如图 3-14 所示。锯条一般用渗碳钢冷轧而成，有很高的硬度和弹性，也可以用非合金工模具钢（如 T10 或 T12）制成，并经过热处理淬硬。

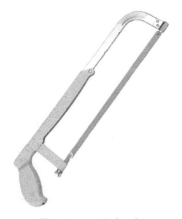

图 3-13　可调式手锯

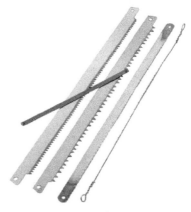

图 3-14　锯条

三、锯削操作

1. 锯削前的准备

（1）锯条的安装与调整　锯条的安装方向由于手锯是在向前推进时进行切削，而向后返回时不起切削作用，所以在锯弓中安装锯条时具有方向性。安装时要使齿尖的方向朝前，此时前角为零，如图 3-15a 所示。如果安装反了，则前角为负值，不能正常进行锯削，如图 3-15b 所示。

将锯条安装在锯弓中，通过调节翼形螺母可调整锯条的松紧程度。锯条安装不能太松或太紧：太紧会使锯条受力太大，锯削时稍有阻力或用力不当就会折断；太松，锯削时锯条容易扭曲摆动，也容易折断，且锯出的锯缝易发生歪斜。锯条安装的松紧程度可用手扳动锯条，感觉硬实即可。装好的锯条，应与锯弓保持在同一平面内，以保证锯缝正直，防止锯条折断。

（2）工件的装夹　工件一般被夹持在台虎钳的左侧，以方便操作。锯缝离开钳口侧面

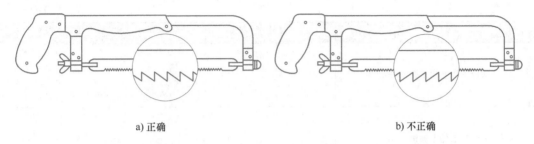

a) 正确　　　　　　　　　　　　　b) 不正确

图 3-15　锯条的安装

约 20mm，从而防止工件在锯削的过程中产生振动，工件的装夹方式如图 3-16 所示。锯缝线要与钳口侧面保持平行，便于控制锯缝不偏离划线线条。工件要牢固地夹持在台虎钳上，防止锯削时工件移动而致使锯条折断。但对于薄壁、管子及已加工表面，要防止夹持太紧而使工件或表面变形。

2. 锯削姿势及要领

1）锯削时右腿伸直，左腿弯曲，身体向前倾斜，重心落在左脚上，两脚站稳不动，靠左膝的屈伸使身体做往复摆动。

2）握锯时，姿势要自然舒展，右手握手柄，左手轻扶锯弓前端，如图 3-17 所示。

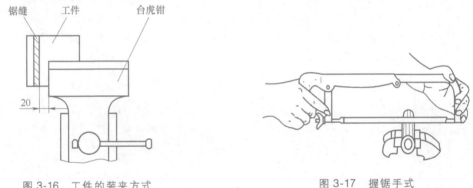

图 3-16　工件的装夹方式　　　　　　　　　　图 3-17　握锯手式

3）起锯时，身体稍向前倾，与竖直方向约成 10°角，此时右肘尽量向后收，如图 3-18a 所示。随着推锯的行程增大，身体逐渐向前倾斜 15°角，如图 3-18b 所示。行程达到 2/3 时，身体倾斜约 18°角，左、右臂均向前伸出，如图 3-18c 所示。当锯削最后 1/3 行程时，用手腕推进锯弓，身体随着锯的反作用力退回到 15°角位置，如图 3-18d 所示。锯削行程结束后，取消压力将手和身体都退回到最初位置。

4）锯削速度以 20~40 次/min 为宜，锯削行程应保持匀速。速度过快，易使锯条发热，磨损加重。速度过慢，又直接影响锯削效率。一般锯削软材料可快些，锯削硬材料可慢些。必要时可用切削液对锯条进行冷却润滑。

5）锯削时，右手控制推力和压力，左手主要起扶正锯弓的作用，压力不要过大。手锯推出时为切削，要施加压力，回程时不加压力，以免锯齿磨损，工件将断时压力一定要小。

6）锯削时，不要仅使用锯条的中间部分，而应尽量在全长度范围内使用。

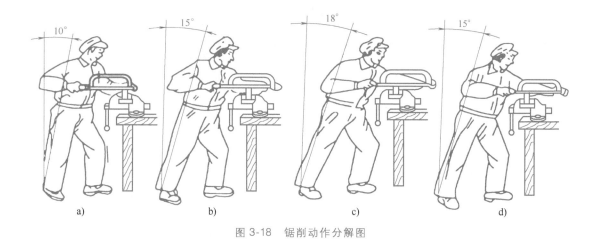

图 3-18　锯削动作分解图

四、技能训练

学生完成锯条选用、安装与调整，完成样件材料的锯削训练。

五、专业拓展

锯条是开有齿刃的钢片条，用来直接锯削工件的刃具。由于使用场合的不同，手工锯条有多种规格，需要依据具体的使用要求来合理选用。

1. 锯条长度、宽度与厚度

锯条长度通常按两个安装孔的中心距计算，常用的长度为 250～450mm，宽度为 10～25mm，厚度为 0.6～1.25mm。

2. 锯齿

锯齿按一定的规则左右错开，排列成一定的形状，称为锯路。锯路有交叉形和波浪形，如图 3-19 所示。锯路能使锯缝的宽度大于锯条背的厚度，锯削时减少锯缝与锯条间的摩擦，锯条不会卡住，也不致过热而加快磨损，从而延长锯条的使用寿命，提高锯削效率。

3. 锯齿的粗细及其选择

锯齿粗细以每 25mm 长度内锯齿的个数表示，常用的有 14、18、24 和 32 等几种。齿数越多表示锯齿越细。锯齿粗细应根据材料的软硬和薄厚来选用。

粗齿锯条适用于锯削软材料和较大表面及厚材料。因为，在这种情况下每一次推手锯都会产生较多的切屑，要求锯条有较大的容屑槽，

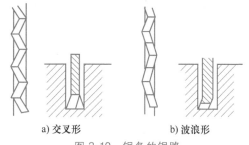

a) 交叉形　　　　　b) 波浪形

图 3-19　锯条的锯路

以防产生堵塞现象。一般粗齿锯条适用于锯削纯铜、青铜、铝、铸铁、低碳钢和中碳钢等。

细齿锯条适用于锯削硬材料及管子或薄板材料。对于硬材料，一方面由于锯齿不易切入材料，切屑少，不需大的容屑空间；另一方面，由于细齿锯条的锯齿较密，能使更多的锯齿同时参与锯削，使每齿的锯削量小，容易实现切削。对于薄板或管子，主要是为防止锯齿被钩住，甚至使锯条折断。锯齿的粗细规格及选择见表 3-5。

表 3-5　锯齿的粗细规格及选择

规格	每 25mm 长度内的齿数	应用
粗	14~18	锯削铜、铝、铸铁、软钢等材料
中	22~24	锯削中等硬度钢,厚壁的钢管、铜管等材料
细	32	锯削薄壁管子、薄板材料等

六、延伸阅读

中国古代工匠宗师——黄道婆:宋末元初人,被称为"中国纺织之母"。她幼年时期生活凄苦,十几岁时就被卖做童养媳,后来受不了夫家的折磨匆忙逃出,逃到了崖州,也就是现在的海南省三亚市。在那里她受到了淳朴村民的欢迎,还学习到了她们精湛的棉纺织技术。黄道婆在崖州生活了将近三十年,青出于蓝而胜于蓝,她的纺织技术已经比当地人还要好。而长年未归乡,她十分思念故乡。

在元朝元贞年间,她回到了松江府乌泥泾(今上海市)。回到家乡后,黄道婆发现,人们种植出来的棉花利用效率很低,纺织技术很差。于是她就想要将自己高超的纺织技术教授给大家。

黄道婆的主要贡献:

1)棉籽原来都是用手剥的,又慢又麻烦,黄道婆先将黎族人铁杖擀棉去籽的方法传授给了乡人,后又创造出轧籽的搅车,使得轧棉籽技术得到了提高。

2)黄道婆将家乡用的小弓换成黎族的四尺大弓,使得棉花弹得又快又好。

3)在纺织技术上,黄道婆还改进了手摇式纺车,创造出足踏三锭纺车,比国外发明的第一架手摇纺织机"珍妮机"早了 400 多年,使得纺纱的效率提高了好几倍。

4)黄道婆以错纱、配色、综纱、挈花的方法织造各种美丽的棉织品,提升了当时的织布技术。

任务 3.4　锉削认识与操作

一、任务目标

【知识目标】

1)了解锉削知识。

2)了解锉刀材料知识。

3)了解锉刀类型知识。

4)了解锉削注意点。

【能力目标】

1)能合理选用锉刀。

2）能熟练完成锉削操作。

【素养目标】

1）培养学生人身安全、设备安全的意识。

2）培养学生环保的意识。

3）培养学生严谨细致的工作态度。

4）培养学生吃苦耐劳的工作作风。

5）培养学生团队协作的能力。

二、锉削简介

1. 锉削简介

用锉削刀具从工件表面锉掉多余的材料，使工件达到图样上所需要的尺寸、形状和表面粗糙度，这种手工操作称为锉削。锉削可以加工平面、曲面、内外圆弧面及其他复杂表面，也可用于成形样板、模具、型腔以及部件、机器装配时的工件修整等。

2. 锉削刀具

锉削刀具一般是指锉刀，是用于锉光工件的手工工具。锉刀常用于对金属、木料、皮革等表层做微量加工，常用锉刀如图 3-20 和图 3-21 所示。

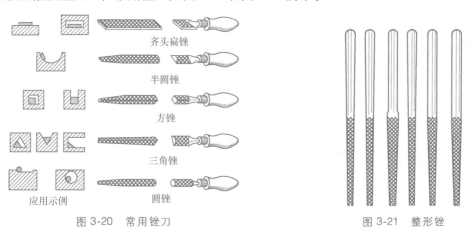

齐头扁锉

半圆锉

方锉

三角锉

应用示例　圆锉

图 3-20　常用锉刀

图 3-21　整形锉

锉刀是用非合金工模具钢 T12 或 T13 经热处理后，再将工作部分淬火制成的。锉刀的上下两面一般都为锉面，是锉刀的主要工作面，在该面上经铣齿或剁齿后形成许多小楔形刀头，称为锉齿，锉齿经热处理淬硬后，硬度可达 62~72HRC，能锉削硬度高的钢材。

三、锉削操作

1. 锉削时工件的装夹

工件的装夹是否正确，直接影响到锉削质量的高低。锉削时，装夹工件要注意以下几点：

1）工件尽量夹持在台虎钳钳口宽度方向的中间。

2）锉削面靠近钳口，以防锉削时产生振动。装夹要稳固，但用力不可太大，以防工件变形。

3）装夹已加工表面和精密工件时，应在台虎钳钳口上衬上纯铜皮或铝皮等软的衬垫，以防夹坏工件。

2. 锉削方法

（1）锉刀握法　右手心抵住锉刀木柄的端头，大拇指放在锉刀木柄上，其余四指弯在木柄的下面，配合大拇指捏住锉刀木柄，左手则根据锉刀的大小和用力的轻重，采用适当姿势，如图 3-22 所示。

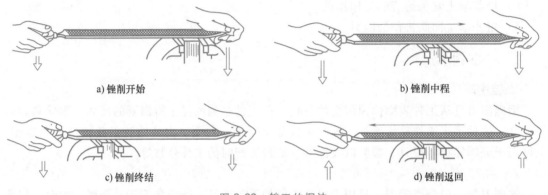

a) 锉削开始　　　　　　　　　　　　　　　b) 锉削中程

c) 锉削终结　　　　　　　　　　　　　　　d) 锉削返回

图 3-22　锉刀的握法

（2）锉削姿势　正确的锉削姿势能够减轻疲劳，提高锉削质量和效率。锉削的站立姿势为：左腿在前弯曲，右腿伸直在后，身体向前倾余，重心落在左腿上。两脚要始终站稳不动，靠左腿的屈伸做往复运动。保持锉刀的平直运动。推进锉刀时两手加在锉刀上的压力要保持刀平稳，不能上下摆动，并要使锉刀的全长充分利用。锉削动作分解如图 3-23 所示。

图 3-23　锉削动作分解

（3）锉削速度　锉削速度一般应在 40 次/min 左右。太快，操作者容易疲劳，且锉齿易磨钝；太慢，切削效率低。锉削推出时稍慢，回程时稍快，动作要自然协调。

（4）平面的锉削方法　平面的锉削方法主要有顺向锉、交叉锉、推锉，如图 3-24 所示。

1）顺向锉。顺向锉是最基本的锉削方法，锉纹一致，用于不大的平面锉削和最后锉光修整。

2）交叉锉。交叉锉时锉刀与工件接触面较大，锉刀容易掌握得平稳，且能从交叉的刀痕上判断出锉削面的凹凸情况。粗加工用交叉锉，以提高工作效率。精加工用顺锉，使锉纹保持方向一致，得到较光滑的表面。

3）推锉。当锉削狭长平面或采用顺向锉受阻时，可以采用推锉。推锉时的运动方向不是锉齿的切削方向，且不能充分发挥手的力量，故切削效率不高，只适合于锉削余量小的场合。

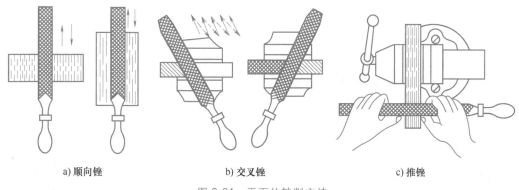

　　a) 顺向锉　　　　　　　　b) 交叉锉　　　　　　　　c) 推锉

图 3-24　平面的锉削方法

四、技能训练

学生完成锉刀选用，完成样件材料的锉削训练。

五、专业拓展

锉刀的使用与保存要求：

1）不能用锉刀锉工件的氧化层和淬火工件，氧化层和淬火工件硬度大，容易损伤锉齿。氧化层可使用砂轮磨去，或用錾子錾去。淬火工件可使用金刚钻锉刀加工，或将工件先做退火处理再进行加工。

2）用锉刀锉削工件时，不能加润滑剂和水，这将会引起锈蚀或锉刀锉削时打滑。

3）在使用锉刀的全过程中，要经常用铜丝刷（或钢丝刷）顺锉齿纹的走向刷去嵌入齿槽内的切屑，使用完毕后，要仔细刷去全部切屑，才能存放。

4）不能将锉刀当其他工具使用，如敲、撬、压、扭、拉、顶、撞等。

5）锉刀存放时，不能产生碰撞，不能重叠堆放。

6）锉刀存放处的湿度不能太大，要求通风良好。

六、延伸阅读

中国古代工匠宗师——郭守敬：元代天文学家、数学家、水利专家和仪器制造专家，生于顺德邢台（今河北邢台）。

1. 天文方面

郭守敬编撰了《推步》《立成》《仪像法式》《修历源流》等十四种天文历法著作，一共 105 卷。另外，郭守敬修订的《授时历》是当时世界上最先进的一种历法。

2. 水利方面

郭守敬在 1291 年负责修建了一条连接着元大都和通州的大运河，名为通惠河，这条运河的修建为我国带来了深远的影响，取得了很大的成就。

3. 科学方面

郭守敬改革及发明了十二件用于天文台上的仪器，这十二件仪器分别是简仪、高表、侯极仪、混天象、玲珑仪、仰仪、立运仪、证理仪、景符、窥几、日月食仪、星晷定时仪。其中，简仪是用来测量天体位置的。这些仪器的发明可以说在当时是相当先进的技术，并给后世带来深远影响。

任务 3.5　钻孔认识与操作

一、任务目标

【知识目标】

1）了解钻孔常用工具、刀具。
2）了解钻孔工艺要求。

【能力目标】

1）能熟练选用麻花钻。
2）能熟练安装麻花钻头。
3）能熟练完成钻孔操作。

【素养目标】

1）培养学生人身安全、设备安全的意识。
2）培养学生环保的意识。
3）培养学生严谨细致的工作态度。
4）培养学生吃苦耐劳的工作作风。
5）培养学生团队协作的能力。

二、钻孔简介

1. 钻孔的概念

钻孔是指用麻花钻在实体材料上加工出孔的操作。钻孔的尺寸公差等级一般在 IT10 以下，表面粗糙度值为 $Ra12.5\mu m$ 左右，属于粗加工。

在钻床上钻孔时，一般情况下，麻花钻应同时完成两个运动：主运动，即麻花钻绕轴线的旋转运动（切削运动）；辅助运动，即麻花钻沿着轴线方向对着工件的直线运动（进给运动）。

钻孔起始部位称为孔口，侧部称为孔壁，底部称为孔底。钻孔的直径简称孔径，孔口直径称为开孔口径，孔底直径称为终孔直径。从孔口至孔底的距离称为钻孔深度，简称孔深。

2. 钻孔工具与刀具

（1）钻床　钻孔工具一般称为钻床，常用的钻床有台式钻床与摇臂钻床。

1）台式钻床。台式钻床简称台钻，是指可安放在作业台上，主轴竖直布置的小型钻床，如图 3-25 所示。台式钻床钻孔直径一般在 13mm 以下，最大钻孔直径不超过 16mm。主轴变速一般通过改变 V 带在塔型带轮上的位置来实现，主轴进给靠手动操作。台钻小巧灵活，使用方便，结构简单，主要用于加工小型工件上的各种小孔。它在仪表制造、钳工和装配中用得较多。

2）摇臂钻床。摇臂钻床有一个能绕立柱旋转的摇臂，摇臂带着主轴箱可沿立柱竖直移动，同时主轴箱还能在摇臂上做横向移动，如图 3-26 所示。因此，操作时能很方便地调整刀具的位置，以对准被加工孔的中心，而不需要移动工件来进行加工。摇臂钻床适用于一些笨重的大工件以及多孔工件的加工。

图 3-25　台式钻床

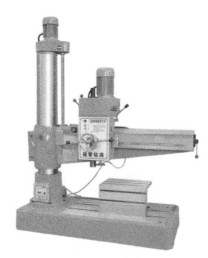

图 3-26　摇臂钻床

（2）麻花钻　麻花钻是目前钻孔应用最广泛的刀具，简称钻头，如图 3-27 所示。麻花钻主要用于孔的粗加工（IT11 以下的尺寸公差等级及表面粗糙度值为 $Ra6.3 \sim Ra25\mu m$），也可用于加工攻螺纹、铰孔、拉孔、镗孔的预制孔。

麻花钻的材料一般用高速工具钢（W18Cr4V 或 W9Cr4V2）制成，经淬火后硬度达 62~68HRC。

a)直柄钻头　　　　　　　　　　　　　　　　b)锥柄钻头

图 3-27　麻花钻

三、钻孔操作

1. 钻头装拆

（1）直柄钻头装卸　用钻夹头夹持，其夹持长度不小于 15mm。先将钻头直柄部分塞入夹头三只卡爪内，然后用钻夹头钥匙旋转外套，使环形螺母带动三只卡爪移动，做夹紧或放松动作，如图 3-28 所示。

（2）锥柄钻头装卸　用莫氏锥度直接与钻床主轴连接，当钻头锥柄小于主轴锥孔时，可加钻套连接。对套筒内的钻头和钻床主轴上的钻头拆卸，主要利用两侧带圆弧的楔铁敲入套筒或钻床主轴上的腰形孔内,利用楔铁的张紧分力,使钻头和套筒或主轴分离,如图3-29所示。

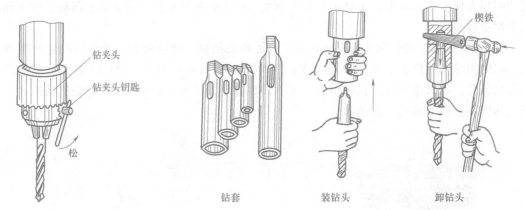

图3-28 直柄钻头的装卸方法

图3-29 锥柄钻头的装卸方法

钻套　　　　　装钻头　　　　　卸钻头

2. 工件的装夹

钻孔前,要先用90°角尺检测工件待加工面是否与主轴轴线垂直。钻孔时,工件装夹方法应根据钻孔直径的大小及工件的形状来决定。一般直径小于8mm的孔,而工件又可用手握牢时,可用手拿住工件钻孔,但工件上锋利的边角要倒钝,当孔快要钻穿时要特别小心,进给量要小,以防发生事故。除此之外,还可采用其他不同的装夹方法来保证钻孔质量和安全,常用的有机用虎钳或压板。

(1)机用虎钳夹持　平正的工件可用机用虎钳装夹,装夹时,应使工件表面与钻头垂直。钻直径大于8mm孔时,必须将机用虎钳用螺栓、压板固定。用机用虎钳夹持工件钻孔时,工件底部应垫上垫铁,空出落钻部位,以免钻坏机用虎钳,如图3-30所示。

(2)压板夹持　对于较大的工件且钻孔直径在10mm以上时,可用压板夹持的方法进行钻孔,如图3-31所示。在搭压板时应注意:

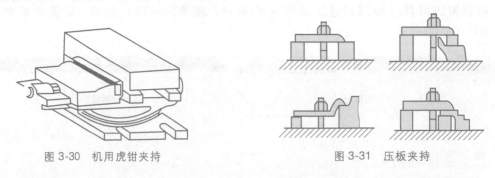

图3-30　机用虎钳夹持

图3-31　压板夹持

1)压板厚度与压紧螺栓直径的比例应适当,不要造成压板弯曲变形而影响压紧力。

2)压板螺栓应尽量靠近工件,垫铁应比工件压紧表面高度稍高,以保证对工件有较大压紧力。

3)应避免工件在夹紧过程中移动。

4)当压紧表面为已加工表面时,要用衬垫进行保护,防止压出印痕。

(3)V形块夹持　圆柱形的工件可用V形块对工件进行装夹,如图3-32所示。装夹时应使钻头轴线与V形铁两斜面的对称平面重合，保证钻出孔的中心线通过工件轴线。

（4）角铁装夹　底面不平或加工基准面在侧面的工件，可用角铁进行装夹，如图3-33所示。由于钻孔时的轴向切削力作用在角铁安装平面之外，故角铁必须用压板固定在钻床工作台上。

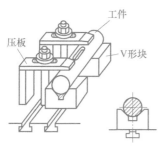

图3-32　V形块装夹

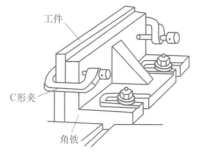

图3-33　角铁装夹

3. 钻床使用注意点

1）工作前必须穿好工作服，扎好袖口，不准围围巾，严禁戴手套，女生发辫应挽在帽子内。

2）要检查设备上的防护、保险、信号装置。机械传动部分、电气部分要有可靠的防护装置。

3）钻床的平台要紧固，工件要夹紧。

4）调整钻床速度、行程、装夹工具和工件时，以及擦拭钻床时要停车进行。

5）装卸钻头不可用锤子和其他工具物件敲打，也不可借助主轴上下往返撞击钻头，应用专用钥匙和扳手来装卸，钻夹头不得夹锥柄钻头。

6）钻头与工件必须装夹紧固，以免钻头旋转引起伤人事故以及设备损坏事故。

7）钻床开动后，不准触摸刀具和传动部分。

8）禁止隔着钻床转动部分传递或拿取工具等物品。

9）手动进刀按逐渐增压和减压的原则进行，以免用力过猛造成事故。

10）钻头上绕长屑时，要停车清除，禁止用口吹、手拉，应使用刷子或铁钩清除。

11）钻薄板需加垫木板，钻头快要钻透工件时，要轻施压力，以免折断钻头损坏设备或发生意外事故。

12）钻头在运转时，禁止用棉纱和毛巾擦拭钻床及清除切屑。

13）钻床运转时，不准离开工作岗位，因故要离开时必须停车并切断电源。

14）发现异常情况应立即停车，请有关人员进行检查。

15）工作后钻床必须擦拭干净，切断电源，零件堆放及工作场地保持整齐、整洁，认真做好交接班工作。

4. 钻床的加工方法

钻孔时，钻头装在钻床上，依靠钻头与工件间的相对运动进行切削，如图3-34所示。其切削运动由以下两个运动合成：钻头绕轴线的旋转运动，称为主运动；钻头的直线运动，称为进给运动。

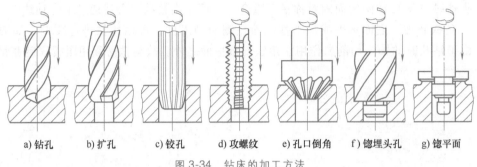

| a) 钻孔 | b) 扩孔 | c) 铰孔 | d) 攻螺纹 | e) 孔口倒角 | f) 锪埋头孔 | g) 锪平面 |

图 3-34　钻床的加工方法

四、技能训练

学生完成麻花钻选用与安装，完成工件安装，完成样件材料的钻孔训练。

五、专业拓展

选择钻削用量的目的是在保证加工精度和表面粗糙度，以及保证刀具合理用度的前提下，使生产率最高。当孔的精度要求较高且表面粗糙度值较小时，应选择较小的进给量。钻较深孔、钻头较长以及钻头刚性、强度较差时，也应选择较小的进给量。标准麻花钻的进给量见表3-6。

表 3-6　标准麻花钻的进给量

钻头直径/mm	<3	3~6	>6~12	>12~25	>25
进给量/(mm/r)	0.025~0.05	>0.05~0.10	>0.10~0.18	>0.18~0.38	>0.38~0.62

六、延伸阅读

中国古代工匠宗师——宋应星：明代著名科学家，字长庚，江西奉新县人。

宋应星的主要贡献表现在他把中国几千年来出现过的农业生产和手工业生产方面的知识做了一个总结性的工作，同时也对技术经验做了总结性的概括，并且使它们系统化、条理化，然后著述成书使之能够流传下来。宋应星所著书籍收录了农业、手工业，诸如机械、砖瓦、陶瓷、硫磺、烛、纸、兵器、火药、纺织、染色、制盐、采煤、榨油等生产技术。在农业方面宋应星对水稻浸种、育种、播秧、耘草等生产全过程做了详细的记载。如"凡播种，先以稻、麦稿包浸数日，俟其生芽，撒于田中，生出寸许，其名曰秧。秧生三十日即拔起分栽……秧过期，老而长节，即栽于亩中，生谷数粒，结果而已。"同时，他还指出了水稻种植中值得注意的各种问题。在手工业方面，宋应星力图运用定量的方法，他在叙述生产过程时，特别注意原料消耗、成品回收率等方面的数量关系，有着明确的量的观念。当分析秧苗移栽时，宋应星指出："凡秧田一亩所生秧，供移栽二十五亩"，即秧田与本田的比例为1：25，这个重要的比例数据近代的江西仍在遵循。宋应星对各种油料的出油率做了明确的说明："凡胡麻与蓖麻子、樟树子，每石得油四十斤。菜菔子每石得油二十七斤。芸苔子每石得油三十斤……"。对油料作物这种具体而准确的数据说明，既有理论意义，又有实用价值。

　　宋应星是世界上第一个科学地论述锌和铜锌合金（黄铜）的科学家。他明确指出，锌是一种新金属，并且首次记载了它的冶炼方法。这是我国古代金属冶炼史上的重要成就之一。使中国在很长一段时间里成为世界上唯一能大规模炼锌的国家。宋应星记载的用金属锌代替锌化合物（炉甘石）炼制黄铜的方法，是人类历史上用铜和锌两种金属直接熔融而得黄铜的最早记录。

任务 3.6　攻螺纹与套螺纹认识与操作

一、任务目标

【知识目标】

1）了解丝锥与板牙的功用。

2）了解攻螺纹与套螺纹的工艺要求。

3）了解螺纹检测量具的使用方法。

【能力目标】

1）能熟练选用丝锥与板牙。

2）能熟练使用丝锥与板牙加工螺纹。

3）能熟练使用螺纹塞规与螺纹环规检测螺纹。

【素养目标】

1）培养学生人身安全、设备安全的意识。

2）培养学生环保的意识。

3）培养学生严谨细致的工作态度。

4）培养学生吃苦耐劳的工作作风。

5）培养学生团队协作的能力。

二、攻螺纹与套螺纹

1. 螺纹基本知识

　　在圆柱或圆锥表面上，沿着螺旋线所形成的具有规定牙型的连续凸起称为螺纹。如图 3-35 所示，在圆柱或圆锥外表面上所形成的螺纹称为外螺纹；在圆柱或圆锥内表面上所形成的螺纹称为内螺纹。工件上螺纹底孔的孔口要倒角，通孔螺纹两端都倒角。

图 3-35　外螺纹和内螺纹

2. 攻螺纹与检测

攻螺纹，是指用一定的转矩将丝锥旋入底孔中加工出内螺纹。

（1）丝锥　丝锥按加工方法分为手用丝锥和机用丝锥，如图 3-36 所示。

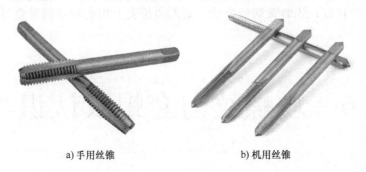

a) 手用丝锥　　　　　b) 机用丝锥

图 3-36　丝锥

丝锥的结构包括工作部分和柄部，如图 3-37 所示。工作部分又分为切削部分和校准部分，丝锥的切削部分磨出切削锥角，使切削负荷分布在几个刀齿上，切削时使刀齿逐渐切到齿深。丝锥切削部分和校准部分一般沿轴向开有 3~4 条容屑槽以容纳切屑，并形成切削刃和前角 γ_o，切削部分的锥面上铲磨出后角 α_o。为了减少丝锥的校准部对零件材料的摩擦和挤压，它的外、中径均有倒锥度。

丝锥的校准部分具有完整的齿形，用来修光和校准已切出的螺纹，并引导丝锥沿轴向前进。它的大径、中径和小径均有一定倒锥量，以减小与螺纹的摩擦，减小所攻螺孔的扩涨量。丝锥柄是用来传递切削转矩的。

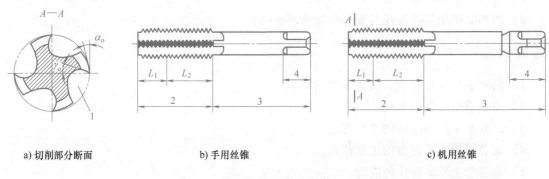

a) 切削部分断面　　　　　b) 手用丝锥　　　　　c) 机用丝锥

图 3-37　丝锥的结构

1—容屑槽　2—工作部分　3—柄部　4—方榫

（2）铰杠　铰杠是用来夹持丝锥的工具，如图 3-38 所示。常见的铰杠有固定式和活动式两种，固定式铰杠常用于攻 M5 以下螺纹，活动式铰杠可以调节夹持尺寸。

图 3-38　铰杠

（3）螺纹塞规 螺纹塞规是专门用来检查各种内螺纹尺寸准确性的工具，如图3-39所示。T代表通端，Z代表止端，检查螺纹时，要使通端能与工件螺纹旋合通过，而止规与工件旋合量少于两个螺距时，才算合格。除此之外可判定内螺纹尺寸不合格。

图 3-39 螺纹塞规

3. 套螺纹与检测

套螺纹，是指用板牙在圆杆上加工出外螺纹。

（1）板牙 板牙是加工外螺纹的工具，如图3-40所示。板牙一般用合金工模具钢或高速工具钢制造，并经淬火硬化。板牙由切削部分、校准部分和排屑孔组成，其本身就像一个圆螺母，在它上面钻有几个排屑孔而形成切削刃，如图3-41所示。

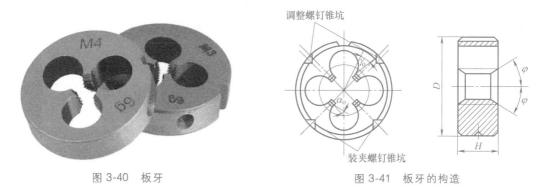

图 3-40 板牙　　　　　　　　　　　图 3-41 板牙的构造

切削部分是板牙两端有切削锥角的部分。板牙的中间一段是校准部分，也是套螺纹时的导向部分。

（2）板牙架 板牙架是用以夹持板牙的手工旋转工具，如图3-42所示。

图 3-42 板牙架

（3）螺纹环规 螺纹环规是专门用来检查各种外螺纹尺寸准确性的工具，如图3-43所示。螺纹环规又分为通规和止规两种。检查时，只有当通规能与工件外螺纹旋合通过，而止规只与工件外螺纹部分旋合，且旋合量不超过两个螺距时，可判定该外螺纹合格。除此之外可判定外螺纹尺寸不合格。

三、攻螺纹与套螺纹操作

1. 攻螺纹操作基本步骤

（1）划线 使划线基准与设计基准一致。

（2）钻底孔　底孔直径确定：

脆性材料 $D_{底} = D-(1.05 \sim 1.1)P$

韧性材料　　　$D_{底} = D-P$

式中　$D_{底}$——底孔直径（mm）；

　　　D——螺纹大径（mm）；

　　　P——螺距（mm）。

图 3-43　螺纹环规

（3）倒角　在对螺纹底孔的孔口倒角时，通孔螺纹两端都要倒角，倒角处直径可略大于螺纹大径，这样可使丝锥开始切削时容易切入，并可防止孔口出现挤压出的凸边。

（4）攻螺纹

1）头锥起攻时，可一手用手掌按住铰杠中部沿丝锥轴线用力加压，另一手配合做顺向旋进，如图 3-44a 所示。或两手握住铰杠两端均匀施加压力，并将丝锥顺向旋进，保证丝锥中心线与孔中心线重合，不发生歪斜。在丝锥攻入 1~2 圈后，应及时从前后、左右两个方向用 90°角尺进行检查，如图 3-44b 所示，并不断找正至要求。

2）当丝锥的切削部分全部进入工件时，就不需要再施加压力，而只靠丝锥做自然旋进切削。此时，两手旋转用力要均匀，并要经常倒转 1/4~1/2 圈，如图 3-44c 所示，使切屑碎断后容易排除，避免因切屑阻塞而使丝锥卡住。

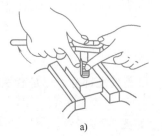
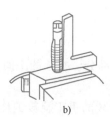
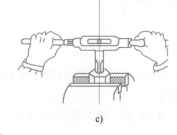

a)　　　　　　　　　　b)　　　　　　　　　　c)

图 3-44　攻螺纹的方法

3）攻螺纹时，必须以头锥、二锥顺序攻削至尺寸。对于在较硬的材料上攻螺纹时，可轮换各丝锥交替攻下，以减小切削部分负荷，防止丝锥折断。

4）攻不通孔时，可在丝锥上作好深度标记，并要经常推出丝锥，清理留在孔内的切屑，否则会因切屑堵塞易使丝锥折断或攻螺纹达不到深度要求。当工件不便倒向进行清屑时，可用弯曲的小管子吹出切屑，或用磁性针棒吸出。

5）攻韧性材料的螺纹孔时，要加切削液，以减少切削阻力、减小加工螺纹孔的表面粗糙度值和延长丝锥寿命；攻钢件时用机油，螺纹质量要求高时可用工业植物油；攻铸铁件时可加煤油。

2. 套螺纹操作基本步骤

（1）套螺纹前圆杆直径的确定　用板牙在工件上套螺纹时，材料因受到撞压而变形，牙顶将被挤高一些。所以圆杆直径应稍小于螺纹大径的尺寸。一般圆杆直径可用下列经验公式计算：

$$d_{圆杆} = d-(0.13 \sim 0.2)P$$

式中　$d_{圆杆}$——套螺纹前圆杆直径（mm）；

　　　　d——螺纹公称直径（螺纹大径）（mm）；

　　　　P——螺距（mm）。

（2）倒角　为了使板牙起套时，容易切入工件并做正确的引导，圆杆端部要倒成15°～20°的锥体倒角。其倒角的最小直径，可略小于螺纹小径，使切削出的螺纹端部避免出现锋口和圈边。

（3）套螺纹

1）套螺纹时的切削力矩较大，且工件都为圆杆，一般要用 V 形块或厚铜板作衬垫，才能保证可靠夹紧，如图 3-45 所示。

2）起套方法与攻螺纹起攻方法一样，一手用手掌按住板牙架中部，沿圆杆轴向施加压力，另一手配合做顺向切进，转动要慢，压力要大，并保证板牙端面与圆杆轴线的垂直度，不发生歪斜。在板牙切入圆杆 2～3 牙时，应及时检查其垂直度并做准确找正。

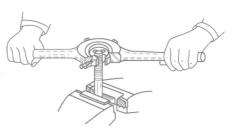

图 3-45　套螺纹

3）正常套螺纹时，不要加压，让板牙做自然旋进切削，也要经常倒转以断屑。

4）在钢件上套螺纹时要加切削液，以减小加工螺纹的表面粗糙度和延长板牙的使用寿命。一般可用机油或较浓的乳化液，要求高时可用工业植物油。

四、技能训练

1. 攻螺纹操作要点和注意事项

1）攻螺纹前要检查底孔直径大小和倒角。

2）工件装夹位置要正确，尽量使螺孔中心线处于水平或竖直位置。

3）攻螺纹过程中，调换丝锥时要用手先旋入至不能再旋进时，方可用铰杠转动，以免损坏螺纹和产生乱牙。退出丝锥时，也要避免快速转动铰杠，最好用手旋出，以保证已经攻好的螺纹质量不受影响。

4）攻塑性或韧性材料时，要加注切削液，以减小切削阻力，减小表面粗糙度值，延长丝锥寿命。一般攻钢料时，使用机油或浓度较大的乳化液，螺纹质量要求高时可用植物油；攻铸铁时可用煤油。

2. 套螺纹的操作要点和注意事项

1）每次套螺纹前应将板牙排屑槽内及螺纹内的切屑清除干净。

2）套螺纹前要检查圆杆直径大小和端部倒角。

3）套螺纹时切削转矩很大，易损坏圆杆的已加工面，所以应使用硬木制的 V 形块或用厚铜板作保护片来夹持工件。工件伸出钳口的长度，在不影响螺纹要求长度的前提下，应尽量短。

4）套螺纹时，板牙端面应与圆杆垂直，操作时用力要均匀。开始转动板牙时，要稍加压力，套入 3～4 牙后，可只转动而不加压，并经常反转，以便断屑。

5）在钢制圆杆上套螺纹时要加机油润滑。

3. 学生训练

1）学生完成丝锥、板牙、螺纹塞规、螺纹环规选取。

2）学生完成丝锥、板牙的安装。

3）学生完成样件的装夹。

4）学生完成攻螺纹、套螺纹基本操作。

5）学生完成螺纹的检测。

五、专业拓展

手用丝锥与机用丝锥是加工中常用的加工螺纹的工具，两者有各自的特点。

1. 两者的含义不同

1）手用丝锥的含义：手用丝锥是指非合金工模具钢或合金工模具钢滚牙（或切牙）丝锥，适用于手工攻螺纹。

2）机用丝锥的含义：机用丝锥就是用于加工螺母或其他机件上的普通内螺纹用即丝锥，通常是指高速钢磨牙丝锥，适用于在机床上攻螺纹。

2. 两者的材料不同

1）手用丝锥的材料：手用丝锥常用于单件小批量生产及各种修配工作。制造手用丝锥时一般不经磨削，工作时的切削速度较低，通常采用合金工模具钢（如 9SiCr）或轴承钢（如 GCr9）制造。

2）机用丝锥的材料：机用丝锥攻螺纹时的切削速度较高，故常采用 W18Cr4V 高速工具钢制造。

3. 两者的锋利程度不同

机用丝锥的前角比手用丝锥的前角大，所以更加锋利。

4. 两者的使用不同

1）手用丝锥的使用：手用丝锥一般有两根，分别称为头攻和二攻。头攻的切削部分磨倒 6 个刃，二攻的切削部分磨倒两个刃。使用的时候一般通过专用扳手进行切削。

2）机用丝锥的使用：机用丝锥只有一根，使用的时候是通过机床进行切削的。

六、延伸阅读

中国古代工匠宗师——陆子冈：明代人，江苏太仓人。他年少时便在苏州郊区的玉工坊里当学徒，长期在苏州定居，后开办琢玉作坊，嘉靖、万历间以"碾玉妙手"名闻朝野。

陆子冈聪明好学，掌握了多种玉雕技法，如阴雕、阳雕、镂空雕等。陆子冈首创了采用平面减地（浅浮雕）技法，将"诗书画印"题材入玉的"文人派"玉雕设计，一改明代玉器的陈腐俗气，获得文人雅士的追捧，留下了陆子冈"名闻朝野""可与士大夫匹敌"的文字记载。

那么陆子冈的雕艺到底有多高超呢？他雕刻的马看起来好像马上要奔跑似的；他雕刻的花朵走近了像能闻到香味一样，他雕刻的玉簪花朵玲珑奇巧，花下面的花枝细的像针线一样，但是不断。陆子冈的工艺在行业当中，人们称之为"上下百年无敌手"。他雕玉时非常注重名声，从不粗制滥造，只求精而不求多。传说陆子冈对玉有三不治："玉色不美的不治，玉性不好的不治，玉质不佳的不治"。

任务 3.7 锤子锤头加工

【工作描述】

依据图样要求，加工锤子，保证尺寸、平行度、垂直度、平面度与表面粗糙度等技术要求，如图 3-46 所示。

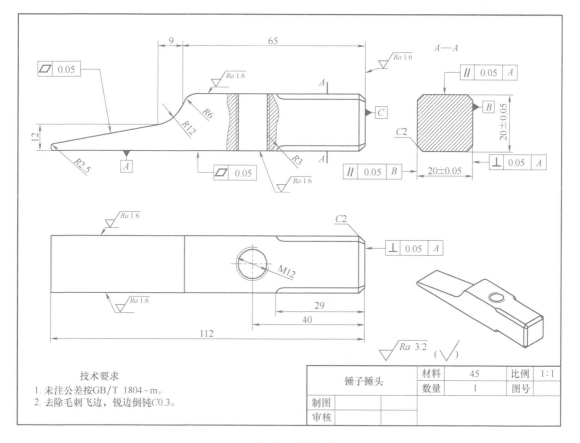

技术要求
1. 未注公差按GB/T 1804-m。
2. 去除毛刺飞边，锐边倒钝C0.3。

锤子锤头	材料	45	比例	1:1
	数量	1	图号	
制图				
审核				

图 3-46 锤子锤头

一、任务目标

【知识目标】

1）了解钳工加工工艺分析的基本内容。

2）了解钳工加工钻床、刀具、夹具以及量具的选用方法。

3）了解钳工加工方式和切削用量的选用方法。

【能力目标】

1）能根据零件图结构、尺寸及技术要求等，编制锤子锤头加工工艺。

2）能根据零件图结构、尺寸及技术要求合理选择机床及刀具、夹具、量具。

3）能根据加工工艺要求正确安装刀具、夹具和工件。

4）掌握划线操作技能。

5）掌握锯削操作技能。

6）掌握锉削操作技能。

7）能根据加工要求进行钻孔操作。

8）能完成螺纹加工。

9）能正确使用量具完成工件检测。

【素养目标】

1）培养学生人身安全、设备安全的意识。

2）培养学生环保的意识。

3）培养学生严谨细致的工作态度。

4）培养学生吃苦耐劳的工作作风。

5）培养学生团队协作的能力。

二、锤子锤头工艺分析

1. 读零件图

1）认真分析零件图，确认锤子锤头的材料为45钢、数量为1。

2）认真分析零件图，确认锤子锤头为平面类零件。

3）明确锤子锤头各部位的尺寸、公差和表面粗糙度要求。

2. 选择毛坯

根据工件外形尺寸以及确保加工精度所必须预留的加工余量，确定毛坯尺寸为22mm×22mm×115mm 的型材，如图 3-47 所示。

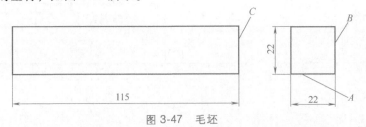

图 3-47　毛坯

3. 选择加工方式

锤子锤头属于平面类零件，涉及的加工内容有基准准备、平面加工、倒角加工、划线、锯削、锉削、攻螺纹等，选用的加工设备是铣床、钻床，结合钳工操作完成。

三、锤子锤头加工工艺编制

锤子锤头的加工工艺卡见表 3-7。

表 3-7 锤子锤头的加工工艺卡

序号	实施步骤	要　点
1	工装准备	领料、工具准备
2	毛坯检查	检查是否有缺陷
3	基准加工	1)选一个平面度相对较高的面 A 作为基准面,将其锉平,达到相应的要求 2)以 A 面为基准面,锉削面 B,并保证与基准面 A 的垂直度 3)以 A 面为基准面,锉削面 C,并保证与基准面 A 的垂直度
4	划线	1)以 A、B 面为基准面,划出 20mm、20mm 的加工线 2)以 C 面为基准面,划出 112mm 的加工线
5	粗、精锉削长方体(锤体)	1)锉削长方体,保证高度和宽度的尺寸为 20mm±0.05mm 2)保证长度尺寸为 112mm±0.1mm
6	倒角加工	注意:加工倒角的装夹
7	锤形加工	划线、锯削、锉削
8	螺纹孔加工	1)划线,在圆心处打样冲眼 2)用麻花钻钻出 ϕ10.2mm 孔 3)孔口倒角 4)用丝锥加工螺纹孔
9	抛光	1)去毛刺 2)用砂纸抛光
10	检验	

四、技能训练

1. 加工实施

锤子锤头加工的基本步骤见表 3-8。

表 3-8 锤子锤头加工的基本步骤

序号	实施步骤	要　点	备注
1	工装准备	领料、工具准备	选用合适工量刃具
2	毛坯检查	检查是否有缺陷	
3	基准加工	1)选一个平面度相对较高的面 A 作为基准面,将其锉平,达到相应的平面度要求 2)以 A 面为基准面,锉削面 B,并保证与基准面 A 的垂直度 3)以 A 面为基准面,锉削面 C,并保证与基准面 A 的垂直度	

（续）

序号	实施步骤	要点	备注
4	划线	1）以 A、B 面为基准面，划出 20mm、20mm 的加工线 2）以 C 面为基准面，划出 112mm 的加工线	
5	粗、精锉削长方体（锤体）	1）锉削长方体，保证高度和宽度的尺寸 20mm ±0.05mm 2）保证长度尺寸 112mm±0.1mm	
6	倒角加工	注意加工倒角的装夹	
7	锤形加工	划线	
8	锤形加工	锯削	
9	锤形加工	锉削	
10	划线	划线：以 C 面为基准面，划出 40mm 线，再以 B 面为基准面，划出 10mm 线，两线垂直，在圆心处打样冲眼	
11	钻孔	1）用麻花钻钻出 φ10.2mm 孔 2）用去毛刺刀，孔口（两端）去毛刺及倒角	

（续）

序号	实施步骤	要　　点	备注
12	攻螺纹	用 M12 丝锥加工螺纹孔	
13	抛光	1）用去毛刺刀去毛刺 2）用砂纸抛光	
14	检验		

2. 锤子锤头检测

参考编制的工艺卡，完成锤子锤头的加工，将锤子锤头零件相关尺寸的检测结果填写在表 3-9 中。

表 3-9　锤子锤头检测表

序号	检测内容	要求	分值	学生自评			教师评价			评分记录
				实际尺寸	完成情况		实际尺寸	完成情况		
					是	否		是	否	
1	112mm	在公差范围内	5							
2	20mm（两处）	±0.05mm	20							
3	40mm	在公差范围内	5							
4	M12	在公差范围内	5							
5	R2.5mm	在公差范围内	5							
6	R12mm	在公差范围内	5							
7	R6mm	在公差范围内	5							
8	垂直度（两处）	0.05mm	10							
9	平面度（两处）	0.05mm	10							
10	平行度（两处）	0.05mm	10							
11	倒角（八处）	C2	10							
12	表面粗糙度	Ra1.6μm	5							
13	其余表面粗糙度	Ra3.2μm	5							
总计										

五、专业拓展

抛光是指利用机械、化学或电化学的作用，使工件表面粗糙度值减小，以获得光亮、平整表面的加工方法。常用的抛光有以下几种。

1. 机械抛光

机械抛光是靠切削、材料表面塑性变形去掉被抛光后的凸部而得到平滑面的抛光方法，一般使用磨石条、羊毛轮、砂纸等，以手工操作为主，特殊零件如回转体表面，可使用转台等辅助工具，表面质量要求高的可采用超精密研磨与抛光的方法。

2. 化学抛光

化学抛光是让材料在化学介质中表面微观凸出的部分较凹部分优先溶解，从而得到平滑面。这种方法的主要优点是不需复杂设备，可以抛光形状复杂的工件，可以同时抛光很多工件，效率高。

3. 电解抛光

电解抛光基本原理与化学抛光相同，即靠选择性的溶解材料表面微小凸出部分，使表面光滑。与化学抛光相比，它可以消除阴极反应的影响，效果较好。

4. 超声波抛光

将工件放入磨料悬浮液中并一起置于超声波场中，依靠超声波的振动作用，使磨料在工件表面磨削抛光。超声波加工时宏观力小，不会引起工件变形，但工装制作和安装较困难。超声波加工可以与化学或电化学方法结合。在溶液腐蚀、电解的基础上，再施加超声波振动搅拌溶液，使工件表面溶解产物脱离，表面附近的腐蚀或电解质均匀；超声波在液体中的"空化"作用还能够抑制腐蚀过程，利于表面光亮化。

5. 流体抛光

流体抛光是依靠高速流动的液体及其携带的磨粒冲刷工件表面达到抛光的目的。常用方法有：磨料喷射加工、液体喷射加工、流体动力研磨等。流体动力研磨由液压驱动，使携带磨粒的液体介质高速往复流过工件表面。介质主要采用在较低压力下流动性好的特殊化合物并掺上磨料制成，磨料可采用碳化硅粉末。

6. 磁研磨抛光

磁研磨抛光利用磁性磨料在磁场作用下形成磨料刷，对工件磨削加工。这种方法加工效率高，质量好，加工条件容易控制，工作条件好。

六、延伸阅读

中国古代工匠宗师——蒯祥：字廷瑞，明代人，吴县香山（今江苏苏州胥口）人。中国建筑工匠，香山帮匠人的鼻祖。他的祖父蒯思明、父亲蒯福都是技艺精湛、名闻遐迩的木匠，在祖父和父亲的熏陶下，蒯祥在木工方面也是造诣很深，蒯祥从小聪明伶俐，心灵手巧，勤奋好学，能举一反三，有所创造，年轻时就有"巧木匠"之称。

1. 成名之作

明成祖朱棣要在北京建皇宫，蒯祥和他的香山帮一起前往北京，而在这里他所建造的第一个建筑便是天安门！当时的天安门不叫天安门，作为和南京皇宫一样的规格建筑，皇宫正门被称作"承天门"。蒯祥在接到这项任务后，耗时三年将这座建筑完成。据史料记载，当时的承天门黄瓦、朱柱，上为门楼，下游城台。门楼面阔无间，而城台亦有五孔。在其外，建有金水桥五座对应，而其两侧则分别分列石狮、华表。而且最令人惊奇的是蒯祥在尺度计算上的技巧，简直登峰造极，甚至有人说他所计算的尺寸实物与设计图分毫不差！这份技艺也在建造宫殿中得以充分展现，就比如蒯祥在承天门上使用的榫卯结构，其榫卯骨架都结合得十分准确牢固！在当代，有专家通过搭建模型进行专门测试，发现蒯祥设计的天安门可以经受住十级地震的模拟测试！而当时年仅十八岁的蒯祥，也被朱棣称赞为"蒯鲁班"。

2. 宗师之作

自天安门之后，蒯祥还设计了当时的三大殿。在永乐皇帝验收大殿的日子，其日本干燥无比，初始千龙还不见其妙处。但当天气暗沉下来时，天上的雨水，遇上地上干燥的地砖，刹那间，水雾腾起，犹如仙境。而蒯祥所建筑的千龙在此时同时开始喷水，俨然一副皇家仙境之景！最让人惊奇的是，雨停之后，大殿内的水在一段时间后竟全部消失！这副场景，在现在的北京故宫中，依旧可见。蒯祥的建筑不仅具有强大的实用性，而且这份功能历经百年依旧实用。

综合实战篇

项目4 PROJECT 4　曲柄滑块机构的加工与调试

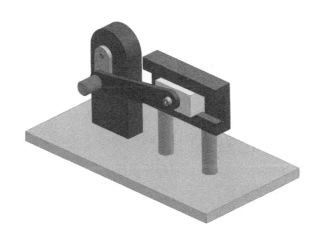

【项目机构介绍】

曲柄滑块机构是指用曲柄和滑块来实现转动和移动相互转换的平面连杆机构。

【任务总目标】

完成曲柄滑块机构各非标部件的加工，完成曲柄滑块机构的装配与机构功能调试。

【曲柄滑块机构零部件说明】

曲柄滑块机构各组成部件见表4-1。

表 4-1　曲柄滑块机构各组成部件

序号	部件名称	材质	数量	说明
1	手柄	45	1	加工件
2	立柱	45	2	加工件
3	滑块	H59	1	加工件
4	滑槽	2A12	1	加工件
5	基板	2A12	1	加工件
6	立板	2A12	1	加工件
7	连杆	Q235	1	加工件

（续）

序号	部件名称	材质	数量	说明
8	曲柄	Q235	1	加工件
9	螺钉	45	若干	标准件（M6×10、M6×15）
10	垫片	45	若干	标准件（M6）

【工作方法】

1）读图后细致分析，确认加工方式、加工机床、刀具、量具，编制各零件的加工工艺卡。

2）以小组讨论的形式完成工作计划。

3）按照工作计划，完成加工工艺卡的填写。

4）完成非标零部件加工的任务。

5）完成曲柄滑块机构的装配与调试。

6）与教师讨论，进行工作总结。

【注意事项与劳动安全提示】

1）读懂并按照车间的安全标志行事。

2）机床只能由一人操作，不可多人同时操作机床。

3）穿实训鞋服、佩戴防护眼镜。

4）毛坯各边去毛刺，避免划伤危险。

5）加工前准备工作应充分，检查刀具是否装夹牢固。

6）检查钳口是否清理干净。

7）工件装夹时应确定是否夹紧。

8）配制切削液时，应戴防护手套，防止对皮肤的腐蚀性伤害。

9）停机测量工件时，应将工件移出，避免人体被刀具误伤。

【环境保护】

1）参照实训场所卫生管理制度执行。

2）切屑应放置在指定的收集处。

3）废油废液应放置在指定的收集处。

任务 4.1　手柄加工与检测

【工作描述】

依据图样要求，加工手柄零件，保证尺寸、表面粗糙度等技术要求，如

图 4-1 所示。

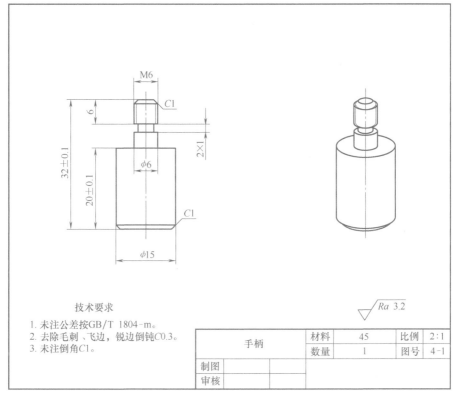

手柄	材料	45	比例	2:1
	数量	1	图号	4-1
制图				
审核				

技术要求

1. 未注公差按GB/T 1804-m。
2. 去除毛刺、飞边，锐边倒钝C0.3。
3. 未注倒角C1。

$\sqrt{}$ Ra 3.2

图 4-1　手柄

一、任务目标

【知识目标】

1）掌握卧式车床工作原理。

2）掌握卧式车床加工中装夹、刀具、检测等相关知识。

3）掌握外圆、套螺纹的加工方法。

4）掌握卧式车床的日常维护知识。

5）掌握卧式车床的保养知识。

【能力目标】

1）能熟练完成卧式车床的开机、关机，掌握操作要领。

2）能识读手柄的零件图样。

3）能编制手柄加工工艺卡。

4）能操作卧式车床完成手柄加工。

5）能正确选择量具并测量手柄。

6）能完成卧式车床日常维护。

7）能完成卧式车床日常保养。

【素养目标】

1）培养学生人身安全、设备安全的意识。
2）培养学生环保的意识。
3）培养学生严谨细致的工作态度。
4）培养学生吃苦耐劳的工作作风。
5）培养学生团队协作的能力。

二、手柄加工工艺分析

1. 读零件图

1）认真分析零件图，确认手柄的材料为45钢、数量为1。
2）认真分析零件图，确认手柄为简单回转体零件。
3）明确手柄各部位的尺寸、公差和表面粗糙度。

2. 选择毛坯

根据工件外形尺寸以及确保加工精度所必须预留的加工余量，选用毛坯为 $\phi 16mm \times 500mm$ 的型材。

3. 选择加工方式

手柄属于简单回转体零件，涉及的加工内容有端面加工、外圆加工、倒角、工件切断、套螺纹等，选用的加工设备是车床，结合钳工操作完成。

三、手柄加工工艺卡编制

手柄的加工工艺卡见表4-2。

表4-2　手柄的加工工艺卡

序号	内容	设备	工具、刀具	量具	注意事项
1	毛坯装夹	车床	卡盘钥匙	游标卡尺	夹紧工件，钥匙及时取下
2	端面加工	车床	端面车刀	游标卡尺	刀具高度与工件中心一致
3	外圆加工	车床	外圆车刀	游标卡尺、千分尺	保证表面质量
4	倒角	车床	倒角刀		注意倒角大小
5	切退刀槽	车床	切槽刀	游标卡尺	保证槽宽、槽深，控制进给速度
6	切断	车床	切断刀	游标卡尺	控制进给速度
7	端面加工	车床	端面车刀	游标卡尺、千分尺	调头，注意保护已加工表面，保证工件总长
8	倒角	车床	倒角刀		注意倒角大小
9	套螺纹	手工	板牙	螺纹环规	保证板牙与轴线垂直。通规过，止规止
10	去毛刺	手工	去毛刺刀		工件不扎手

四、手柄加工与检测

1. 注意事项与工作提示

1）读懂并按照车间的安全标志行事。

2）机床只能由一人操作，不可多人同时操作机床。

3）穿实训鞋服、佩戴防护眼镜。

4）毛坯各边去毛刺。

5）加工前准备工作应充分，检查刀具是否装夹牢固。

6）工件装夹时应确定是否夹紧。

7）停机测量工件时，应将工件移出，避免人体被刀具误伤。

2. 手柄加工与检测结果

参考编制的工艺卡，完成手柄的加工，将手柄零件相关尺寸的检测结果填写在表4-3中。

表 4-3　手柄检测表

序号	检测内容	要求	分值	学生自评			教师评价			评分记录
				实际尺寸	完成情况		实际尺寸	完成情况		
					是	否		是	否	
总计										

五、专业拓展

去毛刺，就是去除在零件面与面相交处所形成的刺状物或飞边。随着工业化和自动化程度的提高，对机械零件制造精度要求的提高和机构设计的微型化，毛刺的危害性尤为明显，逐渐引起人们的重视，并开始对毛刺的生成机理及去除方法进行研究。

常用的去毛刺方法主要有：

1. 手工

使用去毛刺刀，手工去除飞边或毛刺，可以节约成本并且环保。

2. 化学

用电化学反应原理，对金属材料制成的零件自动地、有选择地完成去毛刺作业。该方法适用于难于去除的内部毛刺、热处理后和精加工的零件。

3. 高压水喷射

以水为媒介，利用它的瞬间冲击力来去除加工后产生的毛刺或飞边，同时可达到清洗的目的。

4. 冷冻修边

橡胶、塑料制品、锌镁铝合金等制品飞边或毛刺的厚度比制品本身的厚度要薄很多，所以飞边或毛刺的脆化速度要比制品的脆化速度快，在飞边或毛刺脆化而制品没有脆化这一时间段里，冷冻去毛刺机通过抛射弹丸来击打制品，从而去除处于脆化状态的飞边或毛刺。

六、延伸阅读

"问渠那得清如许，为有源头活水来。"人的心灵深处一旦有了源源流淌的"活水"，便有了创业创造、建功建树的不竭"源泉"。这个"成功之源"就是——爱岗精神、敬业自觉。"成功之源"，就根植在你我他的职业道德里、情感良心中，它是满足社会需求与实现个人价值的有机统一。

只有那些热爱本职工作、脚踏实地、勤勤恳恳、兢兢业业、尽职尽责、精益求精的人，才可能成就一番事业，才可望拓展人生价值。

大国工匠系列——陈行行：一个从微山湖畔小乡村走出来的农家孩子。小时候，他的动手能力就很强，喜欢把自行车、电视机的零部件拆了重新组装。从山东技师学院机械工程系毕业后，他进入中国工程物理研究院，是该院一专多能的技术技能复合型人才。

青涩年华化为多彩绽放，精益求精铸就青春信仰。大国重器的加工平台上，他用极致书写精密人生。胸有凌云志，浓浓报国情。

陈行行从事保卫祖国的核事业，是操作着价格高昂、性能精良的数控加工设备的新一代技能人员，优化了国家重大专项分子泵项目核心零部件动叶轮叶片的高速铣削工艺。他精通多轴联动加工技术、高速高精度加工技术和参数化自动编程技术，尤其擅长薄壁类、弱刚性类零件的加工工艺与技术。

个人主要荣誉：2014年"全国五一劳动奖章"、2014年"全国优秀共青团员称号""全国技术能手""四川工匠"、2018年"大国工匠年度人物"。

任务4.2　立柱加工与检测

【工作描述】

依据图样要求，加工立柱零件，保证尺寸、表面粗糙度等技术要求，如图4-2所示。

一、任务目标

【知识目标】

1）掌握卧式车床工作原理。
2）掌握卧式车床加工中装夹、刀具、检测等相关知识。
3）掌握外圆、切槽、攻螺纹、套螺纹的加工方法。
4）掌握卧式车床的日常维护知识。
5）掌握卧式车床的保养知识。

【能力目标】

1）能熟练完成卧式车床的开机、关机，掌握操作要领。

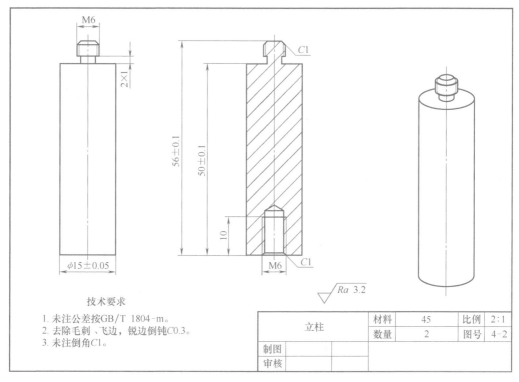

技术要求

1. 未注公差按GB/T 1804-m。
2. 去除毛刺、飞边，锐边倒钝C0.3。
3. 未注倒角C1。

$\sqrt{Ra\ 3.2}$

立柱		材料	45	比例	2:1
		数量	2	图号	4-2
制图					
审核					

图 4-2 立柱

2）能识读立柱的零件图样。

3）能编制立柱加工工艺卡。

4）能操作卧式车床完成立柱加工。

5）能正确选择量具并测量立柱。

6）能完成卧式车床日常维护。

7）能完成卧式车床日常保养。

【素养目标】

1）培养学生人身安全、设备安全的意识。

2）培养学生环保的意识。

3）培养学生严谨细致的工作态度。

4）培养学生吃苦耐劳的工作作风。

5）培养学生团队协作的能力。

二、立柱加工工艺分析

1. 读零件图

1）认真分析零件图，确认立柱的材料为45钢、数量为2。

2）认真分析零件图，确认立柱为简单回转体零件。

3）明确立柱各部位的尺寸、公差和表面粗糙度。

2. 选择毛坯

根据工件外形尺寸以及确保加工精度所必须预留的加工余量，选用毛坯为 $\phi16mm \times 70mm$ 的型材。

3. 选择加工方式

立柱属于简单回转体零件，涉及的加工内容有端面加工、外圆加工、倒角、切槽、工件切断、攻螺纹、套螺纹等，选用的加工设备是车床，结合钳工操作完成。

三、立柱加工工艺卡编制

立柱的加工工艺卡见表4-4。

表 4-4 立柱的加工工艺卡

序号	内容	设备	工具、刀具	量具	注意事项
1	毛坯装夹	车床	卡盘钥匙	游标卡尺	夹紧工件，钥匙及时取下
2	端面加工	车床	端面车刀	游标卡尺	刀具高度与工件中心一致
3	外圆加工	车床	外圆车刀	游标卡尺、千分尺	保证表面质量
4	倒角	车床	倒角刀		注意倒角大小
5	切退刀槽	车床	切槽刀	游标卡尺	保证槽宽、槽深，控制进给速度
6	切断	车床	切断刀	游标卡尺	控制进给速度
7	端面加工	车床	端面车刀	游标卡尺、千分尺	调头，注意保护已加工表面，保证工件总长
8	钻螺纹底孔	车床	麻花钻	游标卡尺	保证同心，控制孔深
9	倒角	车床	倒角刀		注意倒角大小
10	套螺纹	手工	板牙	螺纹环规	保证板牙与轴线垂直。通规过，止规止
11	攻螺纹	手工	丝锥、台虎钳	螺纹塞规	保证丝锥与平面的垂直。通端过，止端止
12	去毛刺	手工	去毛刺刀		工件不扎手

四、立柱加工与检测

1. 注意事项与工作提示

1）读懂并按照车间的安全标志行事。

2）机床只能由一人操作，不可多人同时操作机床。

3）穿实训鞋服、佩戴防护眼镜。

4）毛坯各边去毛刺。

5）加工前准备工作应充分，检查刀具是否装夹牢固。

6）工件装夹时应确定是否夹紧。

7）停机测量工件时，应将工件移出，避免人体被刀具误伤。

2. 立柱加工与检测结果

参考编制的工艺卡，完成立柱的加工，将立柱零件相关尺寸的检测结果填写在表4-5中。

表 4-5 立柱检测表

序号	检测内容	要求	分值	学生自评			教师评价			评分记录
				实际尺寸	完成情况		实际尺寸	完成情况		
					是	否		是	否	
总计										

五、专业拓展

丝锥是一种加工内螺纹的工具，按照形状可以分为直槽丝锥、螺旋槽丝锥、刃倾角丝锥和挤压丝锥等。

1. 直槽丝锥

直槽丝锥通用性最强，通孔或不通孔、有色金属或黑色金属均可加工，价格也最便宜。但是其针对性较差，什么都可做，什么都不是做得最好。

2. 螺旋槽丝锥

螺旋槽丝锥比较适合加工不通孔螺纹，加工时切屑向上排出。由于螺旋角的缘故，丝锥实际切削前角会随螺旋角增大而加大。由经验可知：加工硬度较高的材料时，螺旋角应选小一点，一般在 30° 左右，可以保证自身刚性，有利于延长丝锥寿命；加工有色金属，比如铜、铝、镁、锌这些硬度不是很高的材料时，螺旋角应选大一点，可在 45° 左右，切削刃锋利一些，利于排屑。

3. 刃倾角丝锥

加工螺纹时切屑向前排出，通孔螺纹应优先采用刃倾角丝锥。由于其设计上是在直槽丝锥的基础上在刃尖处再用砂轮斜着切一个口，所以从自身刚性上来说可以和直槽丝锥相媲美。

4. 挤压丝锥

挤压丝锥是利用金属塑性变形原理而加工内螺纹的一种新型螺纹刀具，挤压丝锥挤压内螺纹是无屑加工工艺，特别适用于强度较低、塑性较好的铜合金和铝合金，也可用于不锈钢和低碳钢等硬度低、塑性大的材料攻螺纹，寿命长。

六、延伸阅读

大国工匠系列——王树军：潍柴动力股份有限公司一号工厂机修钳工，既是维修工也是设计师，更是永不屈服的战士！临危请命，只为国之重器不受制于人。他展示出中国工匠的风骨，在尽头处超越，在平凡中非凡。

王树军致力于中国高端装备研制，不被外界高薪诱惑，坚守打造重型发动机"中国心"。他攻克的进口高精加工中心光栅尺气密保护设计缺陷，填补了国内技术空白，成为中国工匠勇于挑战进口设备的经典案例。他独创的"垂直投影逆向复原法"，解决了进口加工中心定位精度为 0.001°的数控转台锁紧故障，打破了国外技术的封锁和垄断。

个人主要荣誉：2018 年"大国工匠年度人物"、2019 年获"全国五一劳动奖章"、2020年获"全国劳动模范"称号、2021 年被人力资源和社会保障部授予"全国技术能手"、2022 年被人力资源和社会保障部授予"中华技能大奖"。

任务 4.3　滑块加工与检测

【工作描述】

依据图样要求，加工滑块零件，保证尺寸、表面粗糙度等技术要求，如图 4-3 所示。

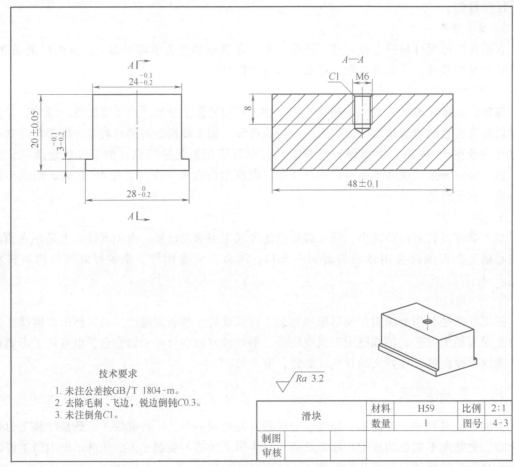

技术要求

1. 未注公差按GB/T 1804-m。
2. 去除毛刺、飞边，锐边倒钝C0.3。
3. 未注倒角C1。

$\sqrt{Ra\ 3.2}$

滑块		材料	H59	比例	2:1
		数量	1	图号	4-3
制图					
审核					

图 4-3　滑块

一、任务目标

【知识目标】

1) 掌握铣床、钻床工作原理。
2) 掌握铣床、钻床加工中装夹、刀具、检测等相关知识。
3) 掌握平面、凸台、钻孔、攻螺纹的加工方法。
4) 掌握铣床、钻床的日常维护知识。
5) 掌握铣床、钻床的保养知识。

【能力目标】

1) 能熟练完成铣床、钻床的开机、关机，掌握操作要领。
2) 能识读滑块的零件图样。
3) 能编制滑块加工工艺卡。
4) 能操作铣床、钻床完成滑块加工。
5) 能正确选择量具并测量滑块。
6) 能完成铣床、钻床日常维护。
7) 能完成铣床、钻床日常保养。

【素养目标】

1) 培养学生人身安全、设备安全的意识。
2) 培养学生环保的意识。
3) 培养学生严谨细致的工作态度。
4) 培养学生吃苦耐劳的工作作风。
5) 培养学生团队协作的能力。

二、滑块加工工艺分析

1. 读零件图

1) 认真分析零件图，确认滑块的材料为 H59、数量为 1。
2) 认真分析零件图，确认滑块为简单平面类零件。
3) 明确滑块各部位的尺寸、公差和表面粗糙度。

2. 选择毛坯

根据工件外形尺寸以及确保加工精度所必须预留的加工余量，选用毛坯为 50mm×30mm×22mm。

3. 选择加工方式

滑块属于简单平面类零件，涉及的加工内容有平面加工、凸台、划线、钻孔、攻螺纹等，选用的加工设备是铣床、钻床，结合钳工操作完成。

三、滑块加工工艺卡编制

滑块的加工工艺卡见表 4-6。

表4-6　滑块的加工工艺卡

序号	内容	设备	工具、刀具	量具	注意事项
1	毛坯装夹	铣床	机用虎钳扳手、垫块	刀口形直角尺	夹紧工件,保证水平
2	平面加工	铣床	面铣刀	游标卡尺、千分尺	保证面与面平行或垂直
3	凸台加工	铣床	立铣刀	游标卡尺、千分尺	保证对称度
4	倒角	铣床	倒角刀		注意倒角大小
5	划线	手工	游标高度卡尺	游标卡尺	保证位置
6	打样冲眼	手工	样冲、锤子		不偏离中心
7	钻螺纹底孔	钻床	麻花钻	游标卡尺	保证位置,控制孔深
8	孔口倒角	钻床	倒角刀		注意倒角大小
9	攻螺纹	手工	丝锥、台虎钳	螺纹塞规	保证丝锥与平面的垂直。通端过,止端止
10	去毛刺	手工	去毛刺刀		工件不扎手

四、滑块加工与检测

1. 注意事项与工作提示

1）读懂并按照车间的安全标志行事。

2）机床只能由一人操作,不可多人同时操作机床。

3）穿实训鞋服、佩戴防护眼镜。

4）毛坯各边去毛刺。

5）加工前准备工作应充分,检查刀具是否装夹牢固。

6）工件装夹时应确定是否夹紧。

7）停机测量工件时,应将工件移出,避免人体被刀具误伤。

2. 滑块加工与检测结果

参考编制的工艺卡,完成滑块的加工,将滑块零件相关尺寸的检测结果填写在表4-7中。

表4-7　滑块检测表

序号	检测内容	要求	分值	学生自评			教师评价			评分记录
				实际尺寸	完成情况		实际尺寸	完成情况		
					是	否		是	否	
总计										

五、专业拓展

铣削加工中常常会提及到顺铣与逆铣,顺铣与逆铣有各自的使用场合。

1. 顺铣

铣刀的旋转方向和工件的进给方向相同，如图4-4a所示。

顺铣的范围：当工件表面无硬皮、机床进给机构无间隙时，应选用顺铣。

优点：零件表面的质量好，刀齿磨损小。

适合材料：铝镁合金、钛合金、耐热合金。

2. 逆铣

铣刀的旋转方向和工件的进给方向相反，如图4-4b所示。

逆铣的范围：当工件表面有硬皮、机床的进给机构有间隙时，多选用逆铣。

优点：刀齿是从已加工表面切入，不会崩刃；机床进给机构的间隙不会引起振动和爬行。

图 4-4　顺铣与逆铣区别

六、延伸阅读

大国工匠系列——周皓，中共党员，深海所钳工高级技师，主要从事我国自主研发的深海科研装备的零部件加工、制造、安装、调试等工作。他解决了168项科研装备技术难题；针对海试需要，合理升级改造了66项科考装备，使国产自主研发的科研装备取得多项国际、国内第一的成绩，为远洋深海科考保驾护航；在国产4500m"深海勇士"号载人潜水器总装过程中，解决水平尾翼安装技术难题。周皓是中国共产党第十九次全国代表大会代表，享受国务院政府特殊津贴。

个人主要荣誉：2014年"全国五一劳动奖章"、2015年"全国劳动模范"、2015年荣获"辽宁省功勋高技能人才"称号、2017年获"天涯工匠"称号、2019年获第23届"中国青年五四奖章"、2019年"大国工匠年度人物"荣誉称号、2021年被人力资源社会保障部授予"中华技能大奖"称号。

任务 4.4　滑槽加工与检测

【工作描述】

依据图样要求，加工滑槽零件，保证尺寸、表面粗糙度等技术要求，如图 4-5 所示。

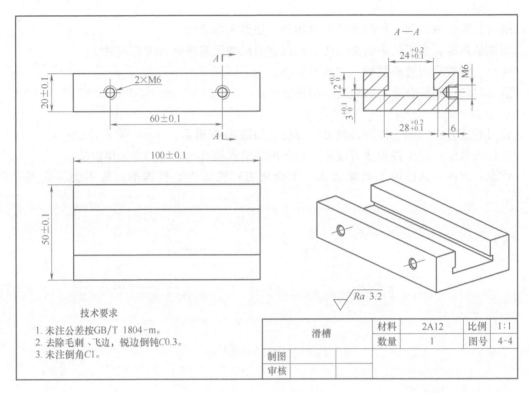

技术要求

1. 未注公差按GB/T 1804-m。
2. 去除毛刺、飞边，锐边倒钝C0.3。
3. 未注倒角C1。

滑槽	材料	2A12	比例	1:1
	数量	1	图号	4-4
制图				
审核				

图 4-5　滑槽

一、任务目标

【知识目标】

1）掌握铣床、钻床工作原理。

2）掌握铣床、钻床加工中装夹、刀具、检测等相关知识。

3）掌握平面、直沟槽、T形槽、钻孔、攻螺纹的加工方法。

4）掌握铣床、钻床的日常维护知识。

5）掌握铣床、钻床的保养知识。

【能力目标】

1）能熟练完成铣床、钻床的开机、关机，掌握操作要领。

2）能识读滑槽的零件图样。

3）能编制滑槽加工工艺卡。

4）能操作铣床、钻床完成滑槽加工。

5）能正确选择量具并测量滑槽。

6）能完成铣床、钻床日常维护。

7）能完成铣床、钻床日常保养。

【素养目标】

1）培养学生人身安全、设备安全的意识。

2）培养学生环保的意识。

3）培养学生严谨细致的工作态度。

4）培养学生吃苦耐劳的工作作风。

5）培养学生团队协作的能力。

二、滑槽加工工艺分析

1. 读零件图

1）认真分析零件图，确认滑槽的材料为2A12、数量为1。

2）认真分析零件图，确认滑槽为带槽平面类零件。

3）明确滑槽各部位的尺寸、公差和表面粗糙度。

2. 选择毛坯

根据工件外形尺寸以及确保加工精度所必须预留的加工余量，选用毛坯为102mm×52mm×22mm。

3. 选择加工方式

滑槽属于带槽平面类零件，涉及的加工内容有平面加工、直沟槽、T形槽、划线、钻孔、攻螺纹等，选用的加工设备是铣床、钻床，结合钳工操作完成。

三、滑槽加工工艺卡编制

滑槽的加工工艺卡见表4-8。

表4-8 滑槽的加工工艺卡

序号	内容	设备	工具、刀具	量具	注意事项
1	毛坯装夹	铣床	橡胶锤	刀口形直角尺	夹紧工件,保证水平
2	外形加工	铣床	面铣刀	游标卡尺、千分尺	保证面与面的平行或垂直
3	直沟槽加工	铣床	立铣刀	游标卡尺、千分尺	保证对称度
4	倒角	铣床	倒角刀		注意倒角大小
5	T形槽加工	铣床	T形槽铣刀	游标卡尺	保证与滑块的配合
6	划线	手工	游标高度卡尺		保证位置
7	打样冲眼	手工	样冲、锤子		不偏离中心
8	钻螺纹底孔	钻床	麻花钻	游标卡尺	保证位置,控制孔深
9	孔口倒角	钻床	倒角刀		控制倒角大小
10	攻螺纹	手工	丝锥、台虎钳	螺纹塞规	保证丝锥与平面的垂直。通端过,止端止
11	去毛刺	手工	去毛刺刀		工件不扎手

四、滑槽加工与检测

1. 注意事项与工作提示

1）读懂并按照车间的安全标志行事。

2）机床只能由一人操作，不可多人同时操作机床。

3）穿实训鞋服、佩戴防护眼镜。

4）毛坯各边去毛刺。

5）加工前准备工作应充分，检查刀具是否装夹牢固。

6）工件装夹时应确定是否夹紧。

7）T形槽加工时，切记不能移动高度方向。

8）停机测量工件时，应将工件移出，避免人体被刀具误伤。

2. 滑槽加工与检测结果

参考编制的工艺卡，完成滑槽的加工，将滑槽零件相关尺寸的检测结果填写在表4-9中。

表 4-9　滑槽检测表

序号	检测内容	要求	分值	学生自评			教师评价			评分记录
				实际尺寸	完成情况		实际尺寸	完成情况		
					是	否		是	否	
总计										

五、专业拓展

直柄T形槽铣刀是加工T形槽的专用工具，直槽铣出后，可一次铣出精度达到要求的T形槽。

T形槽铣刀一般从以下几个方面来描述它的型号：圆盘和齿部直径（外径）、圆盘厚度（刃部长度）、柄部直径（柄径）、铣刀全长等，如图4-6所示。常用的直柄T形槽铣刀规格见表4-10。

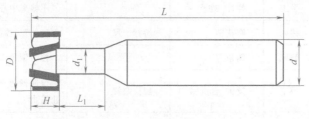

图 4-6　T形槽铣刀结构

表 4-10　常用的直柄 T 形槽铣刀规格　　　　　　　　　　（单位：mm）

D	H	d_1	L	L_1	d
11	3.5	4	53.5	6.5	10
12.5	6	5	57	7	10
16	8	7	62	10	10
18		8	70	13	12
21	9	10	74	16	12
25	11	12	82	17	16
32	14	15	90	22	16
40	18	19	108	27	25
50	22	25	124	34	32
60	28	30	139	43	32

六、延伸阅读

　　大国工匠系列——乔素凯：中国广核集团有限公司中广核核电运营有限公司高级主任工程师。乔素凯是我国第一代核燃料师，他与核燃料打了 20 多年交道，全国一半以上核电机组的核燃料都由他来操作，他的团队是国内唯一能对破损核燃料进行水下修复的。20 多年来，乔素凯对核燃料操作保持零失误。

　　1992 年从山西临汾电校毕业后，乔素凯来到我国大陆第一座百万千瓦级核电站——大亚湾核电站。乔素凯有着一个保留多年的习惯，那便是随身携带一本小本子，换料现场和 PMC（核燃料装载贮存系统）设备哪里有缺陷，哪里需要改进，他都会一一记下来。"将需要修复的燃料棒取出时必须慎之又慎，核燃料工作干得时间越长，就会越谨小慎微。"乔素凯如是说。多年来，正是怀着对核燃料的敬畏之心，乔素凯带领团队一直守护着核岛最深处的这方水池，完成了一个又一个艰难挑战。

　　个人主要荣誉："全国技术能手"、中国广核集团"优秀党员"、中国广核集团首届"中广核工匠"、2018 年第三届"百名网络正能量榜样"、2018 年"大国工匠年度人物"、2019 年"中央企业劳动模范"。

任务 4.5　基板加工与检测

【工作描述】

　　依据图样要求，加工基板零件，保证尺寸、表面粗糙度等技术要求，如图 4-7 所示。

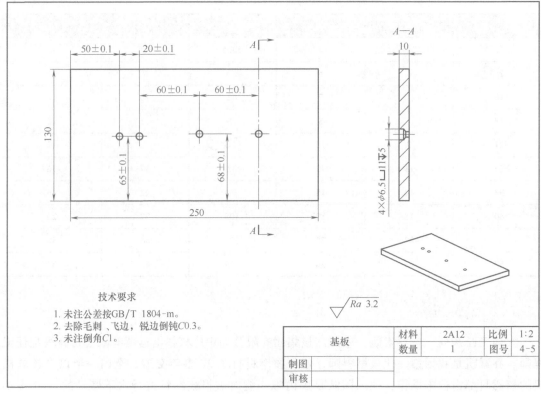

技术要求

1. 未注公差按GB/T 1804-m。
2. 去除毛刺、飞边，锐边倒钝C0.3。
3. 未注倒角C1。

$\sqrt{Ra\ 3.2}$

基板	材料	2A12	比例	1:2
	数量	1	图号	4-5
制图				
审核				

图 4-7 基板

一、任务目标

【知识目标】

1）掌握铣床、钻床工作原理。

2）掌握铣床、钻床加工中装夹、刀具、检测等相关知识。

3）掌握平面、划线、钻孔的加工方法。

4）掌握铣床、钻床的日常维护知识。

5）掌握铣床、钻床的保养知识。

【素养目标】

1）能熟练完成铣床、钻床的开机、关机，掌握操作要领。

2）能识读基板的零件图样。

3）能编制基板加工工艺卡。

4）能操作铣床、钻床完成基板加工。

5）能正确选择量具并测量基板。

6）能完成铣床、钻床日常维护。

7）能完成铣床、钻床日常保养。

【素养目标】

1）培养学生人身安全、设备安全的意识。

2）培养学生环保的意识。

3）培养学生严谨细致的工作态度。

4）培养学生吃苦耐劳的工作作风。

5）培养学生团队协作的能力。

二、基板加工工艺分析

1. 读零件图

1）认真分析零件图，确认基板的材料为 2A12、数量为 1。

2）认真分析零件图，确认基板为简单平面类零件。

3）明确基板各部位的尺寸、公差和表面粗糙度。

2. 选择毛坯

根据工件外形尺寸以及确保加工精度所必须预留的加工余量，选用毛坯为 252mm×132mm×12mm 的型材。

3. 选择加工方式

基板属于简单平面类零件，涉的加工内容有平面加工、划线、钻孔等，选用的加工设备是铣床、钻床，结合钳工操作完成。

三、基板加工工艺卡编制

基板的加工工艺卡见表 4-11。

表 4-11　基板的加工工艺卡

序号	内容	设备	工具、刀具	量具	注意事项
1	毛坯装夹	铣床	橡胶锤	刀口形直角尺	夹紧工件,保证水平
2	平面加工	铣床	面铣刀	游标卡尺、千分尺	保证面与面的平行或垂直
3	划线	手工	划针	游标高度卡尺	保证位置
4	打样冲眼	手工	样冲、锤子		不偏离中心
5	钻通孔	钻床	麻花钻	游标卡尺	保证位置
6	钻沉头孔	钻床	平底麻花钻	游标卡尺	保证同轴
7	孔口倒角	钻床	倒角刀		控制倒角大小
8	去毛刺	手工	去毛刺刀		工件不扎手

四、基板加工与检测

1. 注意事项与工作提示

1）读懂并按照车间的安全标志行事。

2）机床只能由一人操作，不可多人同时操作机床。

3）穿实训鞋服、佩戴防护眼镜。

4）毛坯各边去毛刺。

5）加工前准备工作应充分，检查刀具是否装夹牢固。

6）工件装夹时应确定是否夹紧。

7）孔位置较多，注意划线位置。

8）停机测量工件时，应将工件移出，避免人体被刀具误伤。

2. 基板加工与检测结果

参考编制的工艺卡，完成基板的加工，将基板零件相关尺寸的检测结果填写在表 4-12 中。

表 4-12 基板检测表

序号	检测内容	要求	分值	学生自评			教师评价			评分记录
				实际尺寸	完成情况		实际尺寸	完成情况		
					是	否		是	否	
总计										

五、专业拓展

钻床种类繁多，按照结构形式分类主要有以下几种：

1. 立式钻床

其工作台和主轴箱可以在立柱上竖直移动，用于加工中小型工件。

2. 台式钻床

台式钻床是一种小型立式钻床，最大钻孔直径为 15mm，安装在钳工工作台上使用，多为手动进钻，常用来加工小型工件的小孔等。

3. 摇臂钻床

其主轴箱能在摇臂上移动，摇臂能回转和升降，工件固定不动，适用于加工大而重和多孔的工件，广泛应用于机械制造中。

4. 铣钻床

其工作台可纵、横向移动，钻轴竖直布置，是能进行铣削的钻床。

5. 卧式钻床

其主轴水平布置，主轴箱可竖直移动。它一般比立式钻床加工效率高，可多面同时加工。

六、延伸阅读

大国工匠系列——胡双钱：中国商飞上海飞机制造有限公司数控机加车间钳工组组长，

人称为"航空手艺人"。

1980 年，从小就喜欢飞机的胡双钱进入当时的上海飞机制造厂，亲身参与并见证了中国人在民用航空领域的第一次尝试——"运 10"飞机研制和首飞。那一刻他强烈感受到"造飞机是一件很神圣的事"。然而，20 世纪 80 年代初"运 10"项目下马了，原本聚集了各路中国航空制造精英的工厂转眼间冷清了下来，争抢这些飞机技师的各公司专车甚至开到了工厂门口，面对私营企业老板开出的优厚工资，胡双钱谢绝了。选择留下后，胡双钱与同事一起陆续参与了中美合作组装麦道飞机和波音、空客飞机零部件的转包生产，并抓住这些机遇练就了技术上的过硬本领。20 多年后，当我国启动 ARJ21 新支线飞机和大型客机研制项目后，胡双钱几十年的积累和沉淀终于有了用武之地。他先后高精度、高效率地完成了 ARJ21 新支线飞机首批交付飞机起落架钛合金作动筒接头特制件、C919 大型客机首架机壁板长桁对接接头特制件等加工任务。他还发明了"反向验证"等一系列独特工作方法，确保每一个零件、每一个步骤都不出差错。

问他什么是"工匠精神"时，胡双钱非常认真地说："在我心里，工匠精神就是不断追求和打造出精致与完美的精神。而'打造'这个词代表的就不是简单，不是短期，所以必须要有一份坚守的精神。"

个人主要荣誉：2015 年被授予"全国敬业奉献模范"称号、2016 年全国"五一劳动奖章"。

任务 4.6　立板加工与检测

【工作描述】

依据图样要求，加工立板零件，保证尺寸、表面粗糙度等技术要求，如图 4-8 所示。

一、任务目标

【知识目标】

1）掌握铣床、钻床工作原理。
2）掌握铣床、钻床加工中装夹、刀具、检测等相关知识。
3）掌握平面、划线、钻孔、锉削的加工方法。
4）掌握铣床、钻床的日常维护知识。
5）掌握铣床、钻床的保养知识。

【能力目标】

1）能熟练完成铣床、钻床的开机、关机，掌握操作要领。
2）能识读立板的零件图样。

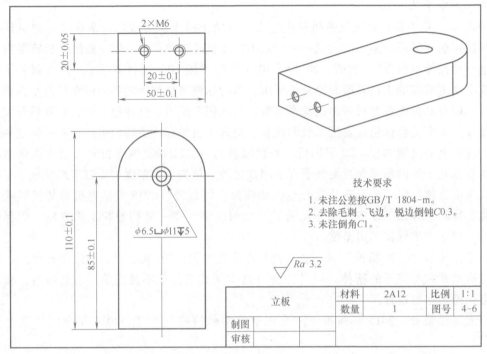

技术要求
1. 未注公差按GB/T 1804-m。
2. 去除毛刺 、飞边，锐边倒钝C0.3。
3. 未注倒角C1。

$\sqrt{Ra\ 3.2}$

立板	材料	2A12	比例	1:1
	数量	1	图号	4-6
制图				
审核				

图 4-8 立板

3）能编制立板加工工艺卡。

4）能操作铣床、钻床完成立板加工。

5）能正确选择量具并测量立板。

6）能完成铣床、钻床日常维护。

7）能完成铣床、钻床日常保养。

【素养目标】

1）培养学生人身安全、设备安全的意识。

2）培养学生环保的意识。

3）培养学生严谨细致的工作态度。

4）培养学生吃苦耐劳的工作作风。

5）培养学生团队协作的能力。

二、立板加工工艺分析

1. 读零件图

1）认真分析零件图，确认立板的材料为2A12、数量为1。

2）认真分析零件图，确认立板为简单平面类零件。

3）明确立板各部位的尺寸、公差和表面粗糙度。

2. 选择毛坯

根据工件外形尺寸以及确保加工精度所必须预留的加工余量，选用毛坯为 112mm×

52mm×22mm 的型材。

3. 选择加工方式

立板属于简单平面类零件，涉及的加工内容有平面加工、划线、钻孔、锉削等，选用的加工设备是铣床、钻床，结合钳工操作完成。

三、立板加工工艺卡编制

立板的加工工艺卡见表 4-13。

表 4-13　立板的加工工艺卡

序号	内容	设备	工具、刀具	量具	注意事项
1	毛坯装夹	铣床	橡胶锤	刀口形直角尺	夹紧工件，保证水平
2	平面加工	铣床	面铣刀	游标卡尺、千分尺	保证面与面的平行或垂直
3	划线	手工	划针	游标高度卡尺	保证位置
4	打样冲眼	手工	样冲、锤子		不偏离中心
5	钻侧面通孔	钻床	麻花钻	游标卡尺	保证位置
6	钻沉头孔	钻床	平底麻花钻	游标卡尺	保证同轴
7	孔口倒角	钻床	倒角刀		控制倒角大小
8	钻螺纹底孔	钻床	麻花钻	游标卡尺	保证位置、深度
9	孔口倒角	钻床	倒角刀		控制倒角大小
10	攻螺纹	手工	丝锥、台虎钳	螺纹塞规	保证丝锥与平面的垂直。通端过，止端止
11	锉削圆弧	手工	锉刀	半径样板	保证圆弧
12	去毛刺	手工	去毛刺刀		工件不扎手

四、立板加工与检测

1. 注意事项与工作提示

1）读懂并按照车间的安全标志行事。

2）机床只能由一人操作，不可多人同时操作机床。

3）穿实训鞋服、佩戴防护眼镜。

4）毛坯各边去毛刺。

5）加工前准备工作应充分，检查刀具是否装夹牢固。

6）工件装夹时应确定是否夹紧。

7）孔位置较多，注意划线位置。

8）手工锉削圆弧，注意保证圆弧度。

9）停机测量工件时，应将工件移出，避免人体被刀具误伤。

2. 立板加工与检测结果

参考编制的工艺卡，完成立板的加工，将底板零件相关尺寸的检测结果填写在表 4-14 中。

表 4-14 立板检测表

序号	检测内容	要求	分值	学生自评			教师评价			评分记录
				实际尺寸	完成情况		实际尺寸	完成情况		
					是	否		是	否	
总计										

五、专业拓展

钻床的专业标准的主要检验项目有：

1）底座工作台面的平面度。

2）工作台面的平面度。

3）工作台跳动。

4）主轴锥孔轴线的径向圆跳动。

5）主轴回转轴线的径向圆跳动。

6）主轴回转轴线对底座工作面垂直度。

7）主轴套筒垂直移动对底座工作面垂直度。

8）主轴在主轴进给力作用下主轴轴线对工作台面垂直度的变化。

六、延伸阅读

大国工匠系列——高凤林：世界顶级的焊工，也是我国焊工界金字塔的绝对顶端，他专门负责为我国的航天器部件焊接，是我国航天事业中发挥重要作用的人物。长征二号、长征三号都是经他手焊接完成的，我国许多武器的研制过程中也有他的身影。人们说他是"为火箭筑心的人"。

焊工是技术工种，除了熟能生巧，扎实的基础知识和基本功以及对于技术的刻苦钻研都是成为一名优秀焊工所必需的。像高凤林所焊接的火箭微小部件，由于火箭对于外部机体材料要求尽量轻薄，高凤林的作业对象常常是只有 1~2cm 厚的材料或者是指头那么大的小部件，手略微抖一下或者眨眼一下都会导致焊接失败。为了焊接时保持手部稳定，高凤林在入行初期曾练习平举沙袋，几千克的沙袋一手一个，平举一两个小时，就是为了增强手腕和手臂的力量，防止焊接时出现手抖的现象。这些都算是焊工的基本功，就如同习武之人头几年一直在练习的基本功一样，他们初学焊工时也是在重复这样枯燥的工作。只有成功坚持下来的人，将来才有可能成为优秀的焊工。

高凤林曾经说："只是每个人岗位不同，作用不同，仅此而已，只要心中装着国家，什么岗位都光荣，有台前就一定有幕后。"

个人主要荣誉：2015 年被评为"全国劳动模范"、1997 年获"全国青年岗位能手"、1997 年"全国十大能工巧匠"称号、1999 年获"中国航天基金奖全国青年岗位能手"、2018 年"大国工匠年度人物"、2019 年荣获"最美职工"荣誉称号。

任务 4.7 连杆加工与检测

【工作描述】

依据图样要求，加工连杆零件，保证尺寸、表面粗糙度等技术要求，如图 4-9 所示。

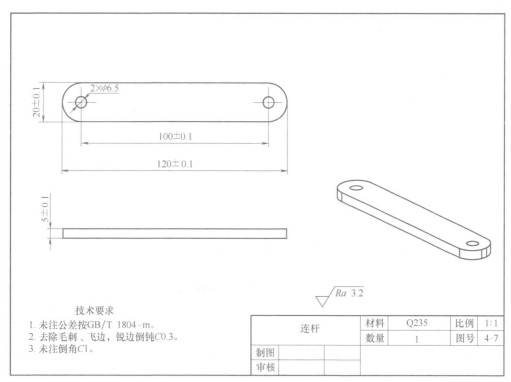

图 4-9 连杆

一、任务目标

【知识目标】

1）掌握钻床工作原理。

2）掌握钻床加工中装夹、刀具、检测等相关知识。

3）掌握锯削、平面锉削、划线、钻孔、圆弧锉削的相关知识。

4）掌握钻床的日常维护知识。

5）掌握钻床的保养知识。

【能力目标】

1）能熟练完成钻床的开机、关机，掌握操作要领。

2）能识读连杆的零件图样。

3）能编制连杆加工工艺卡。

4）能完成连杆加工。

5）能正确选择量具并测量连杆。

6）能完成钻床日常维护。

7）能完成钻床日常保养。

【素养目标】

1）培养学生人身安全、设备安全的意识。

2）培养学生环保的意识。

3）培养学生严谨细致的工作态度。

4）培养学生吃苦耐劳的工作作风。

5）培养学生团队协作的能力。

二、连杆加工工艺分析

1. 读零件图

1）认真分析零件图，确认连杆的材料为 Q235、数量为 1。

2）认真分析零件图，确认连杆为简单平面类零件。

3）明确连杆各部位的尺寸、公差和表面粗糙度。

2. 选择毛坯

根据工件外形尺寸以及确保加工精度所必须预留的加工余量，选用毛坯为 500mm×22mm×6mm 的型材。

3. 选择加工方式

连杆属于简单平面类零件，涉及的加工内容有锯削、平面锉削、划线、钻孔、圆弧锉削等，选用的加工设备是钻床，结合钳工操作完成。

三、连杆加工工艺卡编制

连杆的加工工艺卡见表 4-15。

表 4-15　连杆的加工工艺卡

序号	内容	设备	工具、刀具	量具	注意事项
1	划线	手工	划针	游标高度卡尺	保证尺寸，留有余量
2	装夹	手工	台虎钳	游标卡尺	夹紧工件
3	锯削	手工	锯弓	游标卡尺	保证余量

（续）

序号	内容	设备	工具、刀具	量具	注意事项
4	锉削平面	手工	锉刀	游标卡尺	保证尺寸精度
5	划线	手工	划针	游标高度卡尺	保证位置
6	打样冲眼	手工	样冲、锤子		不偏离中心
7	钻通孔	钻床	麻花钻	游标卡尺	保证位置
8	孔口倒角	钻床	倒角刀		控制倒角大小
9	锉削圆弧	手工	锉刀	半径样板	保证圆弧
10	去毛刺	手工	去毛刺刀		工件不扎手

四、连杆加工与检测

1. 注意事项与工作提示

1）读懂并按照车间的安全标志行事。

2）机床只能由一人操作，不可多人同时操作机床。

3）穿实训鞋服、佩戴防护眼镜。

4）毛坯各边去毛刺。

5）加工前准备工作应充分，检查刀具是否装夹牢固。

6）工件装夹时应确定是否夹紧。

7）孔位置较多，注意划线位置。

8）手工锉削平面，注意保证平面度与平行度。

9）手工锉削圆弧，注意保证圆弧度。

10）停机测量工件时，应将工件移出，避免人体被刀具误伤。

2. 连杆加工与检测结果

参考编制的工艺卡，完成连杆的加工，将连杆零件相关尺寸的检测结果填写在表 4-16 中。

表 4-16 连杆检测表

序号	检测内容	要求	分值	学生自评			教师评价			评分记录
				实际尺寸	完成情况		实际尺寸	完成情况		
					是	否		是	否	
总计										

五、专业拓展

金属切割是把原材料简单截断或者按形状分离而得到毛坯。常见的金属切割方法有砂轮切割、锯条切割、火焰切割、等离子切割、激光切割和水刀切割。

1. 砂轮切割

采用高速旋转的砂轮片切割钢材是比较普遍的切割方法。砂轮切割机使用起来轻巧灵活，简单便捷，在各种场合得到了广泛使用，尤其是在建筑工地和室内装修中使用得比较多。它主要用来对一些小尺寸的方管、圆管、异形管等进行切断加工。

2. 锯条切割

用锯条将工件或材料切出狭槽而进行分割的方法称为锯条切割，又称锯切。锯切通过锯床实施。将材料截断是金属加工最基本的需求，因此锯床是机加行业的标配。锯床使用过程需要根据材料的硬度来选择合适的锯条，并调整最佳锯切速度。

3. 火焰切割（气割）

火焰切割的过程通过氧气和炽热的钢铁产生化学反应来加热金属，并使它变软直至熔化。其加热气体多用乙炔或天然气。火焰切割只能切割碳钢板，对其他类型的金属，如不锈钢或铜铝料，并不适用。

火焰切割的优点是成本低，最大切割厚度能达到2m；缺点是热影响区与热变形比较大，断面粗糙且多有挂渣。考虑到后续的加工，应多放余量。

4. 等离子切割

等离子切割是利用高温等离子电弧的热量使工件切口处的金属局部熔化和蒸发，并借高速等离子的动量排除熔融金属以形成切口的一种加工方法。

5. 激光切割

激光切割使用高能量的激光束来加热、局部熔化、汽化金属，完成对材料的切割，通常用于薄钢板（<30mm）的高效精密切割。激光的切割质量非常优异，不但切割速度快，尺寸精度也很高，而且由于激光束作用于一个极小的区域，热影响区很小，工件几乎不变形。

6. 水刀切割

水刀切割是利用高压水流来切割金属的一种加工方法。随着技术不断改进，也在高压水流中混入石榴砂、金刚砂等磨料辅助切割，来提高切割速度和切割厚度（能达200mm）。

六、延伸阅读

大国工匠系列——李万君：中车长春轨道客车股份有限公司转向架制造中心焊接一车间电焊工。李万君1987年7月毕业于长春客车厂职业高中后进入客车厂焊接车间工作至今。先后创造出"拽枪式右焊法"等20余项转向架焊接操作法，及时解决了高铁生产的诸多问题。凭借世界一流的构架焊接技艺，他被誉为"高铁焊接大师""工人院士"。

"技能报国"是他的终生凤愿，"大国工匠"是他的至尊荣光。他从一名普通焊工成长为中国高铁焊接专家，是"中国第一代高铁工人"中的杰出代表，是高铁战线的"杰出工匠"。他在外国对中国高铁技术封锁面前实现"技术突围"，凭着一股不服输的钻劲儿、韧劲儿，积极参与填补国内空白的几十种高速车、铁路客车、城铁车转向架焊接规范及操作方法，先后进行技术攻关100余项，其中21项获国家专利，"氩弧半自动管管焊操作法"填补了中国氩弧焊焊接转向架环口的空白。专家组以他的试验数据为重要参考编制了《超高速转向架焊接规范》。他研究探索出的"环口焊接七步操作法"成为公司技术标准。依托"李万君大师工作室",他先后组织培训近160场,为公司培训焊工1万多人次,创造了400余名新焊工提前半年全部考取国际焊工资质证书的"培训奇迹",培养带动出一批技能精通、职业操守优良的技能人才,为打造"大国工匠"储备了坚实的新生力量。

个人主要荣誉:2005年被国务院国资委授予"中央企业技术能手"称号、2008年被中国北车授予"中国北车拔尖技术能手"称号、2008年获"全国技术能手"荣誉称号、2009年被中国北车授予"中国北车技术标兵"称号、2016年7月被中组部授予"全国优秀共产党员"荣誉称号、2016年获得"感动中国2016年度十大人物"、2018年"大国工匠年度人物"。

任务 4.8　曲柄加工与检测

【工作描述】

依据图样要求,加工曲柄零件,保证尺寸、表面粗糙度等技术要求,如图 4-10 所示。

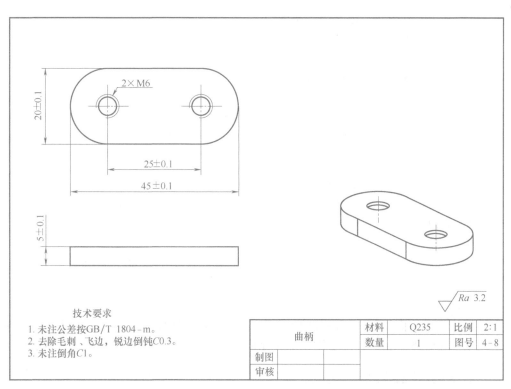

技术要求
1. 未注公差按GB/T 1804-m。
2. 去除毛刺、飞边,锐边倒钝C0.3。
3. 未注倒角C1。

	曲柄	材料	Q235	比例	2:1
		数量	1	图号	4-8
制图					
审核					

图 4-10　曲柄

一、任务目标

【知识目标】

1) 掌握钻床工作原理。
2) 掌握钻床加工中装夹、刀具、检测等相关知识。
3) 掌握锯削、平面锉削、划线、钻孔、圆弧锉削的相关知识。
4) 掌握钻床的日常维护知识。
5) 掌握钻床的保养知识。

【能力目标】

1) 能熟练完成钻床的开机、关机，掌握操作要领。
2) 能识读曲柄的零件图样。
3) 能编制曲柄加工工艺卡。
4) 能完成曲柄加工。
5) 能正确选择量具并测量曲柄。
6) 能完成钻床日常维护。
7) 能完成钻床日常保养。

【素养目标】

1) 培养学生人身安全、设备安全的意识。
2) 培养学生环保的意识。
3) 培养学生严谨细致的工作态度。
4) 培养学生吃苦耐劳的工作作风。
5) 培养学生团队协作的能力。

二、曲柄加工工艺分析

1. 读零件图
1) 认真分析零件图，确认曲柄的材料为 Q235、数量为 1。
2) 认真分析零件图，确认曲柄为简单平面类零件。
3) 明确曲柄各部位的尺寸、公差和表面粗糙度。

2. 选择毛坯

根据工件外形尺寸以及确保加工精度所必须预留的加工余量，选用毛坯为 500mm×22mm×6mm 的型材。

3. 选择加工方式

曲柄属于简单平面类零件，涉及的加工内容有锯削、平面锉削、划线、钻孔、圆弧锉削等，选用的加工设备是钻床，结合钳工操作完成。

三、曲柄加工工艺卡编制

曲柄的加工工艺卡见表 4-17。

表 4-17 曲柄的加工工艺卡

序号	内容	设备	工具、刀具	量具	注意事项
1	划线	手工	划针	游标高度卡尺	保证尺寸,留有余量
2	装夹	手工	台虎钳	游标卡尺	夹紧工件
3	锯削	手工	锯弓	游标卡尺	保证余量
4	锉削平面	手工	锉刀	游标卡尺	保证尺寸精度
5	划线	手工	划针	游标高度卡尺	保证位置
6	打样冲眼	手工	样冲		不偏离中心
7	钻螺纹底孔	钻床	麻花钻	游标卡尺	保证位置
8	孔口倒角	钻床	倒角刀		控制倒角大小
9	攻螺纹	手工	丝锥、台虎钳	螺纹塞规	保证丝锥与平面的垂直。通端过,止端止
10	锉削圆弧	手工	锉刀	半径样板	保证圆弧
11	去毛刺	手工	去毛刺刀		工件不扎手

四、曲柄加工与检测

1. 注意事项与工作提示

1)读懂并按照车间的安全标志行事。

2)机床只能由一人操作,不可多人同时操作机床。

3)穿实训鞋服、佩戴防护眼镜。

4)毛坯各边去毛刺。

5)加工前准备工作应充分,检查刀具是否装夹牢固。

6)工件装夹时应确定是否夹紧。

7)孔位置较多,注意划线位置。

8)手工锉削平面,注意保证平面度与平行度。

9)手工锉削圆弧,注意保证圆弧度。

10)停机测量工件时,应将工件移出,避免人体被刀具误伤。

2. 曲柄加工与检测结果

参考编制的工艺卡,完成曲柄的加工,将曲柄零件相关尺寸的检测结果填写在表 4-18 中。

五、专业拓展

锯条的粗细应根据加工材料的硬度、厚薄来选择。

1)锯削软的材料(如铜、铝合金等)或厚材料时,应选用粗齿锯条。因为锯屑较多,要求较大的容屑空间。

2)锯削硬材料(如合金钢等)或薄板、薄管时,应选用细齿锯条。因为材料硬,锯齿不易切入,锯屑量少,不需要大的容屑空间;锯薄材料时,锯齿易被工件勾住而崩断,需要同时工作的齿数多,使单个锯齿承受的力量减少。

表 4-18　曲柄检测表

序号	检测内容	要求	分值	学生自评			教师评价			评分记录
				实际尺寸	完成情况		实际尺寸	完成情况		
					是	否		是	否	
总计										

3）锯削中等硬度材料（如普通钢、铸铁等）和中等硬度的工件时，一般选用中齿锯条。

六、延伸阅读

大国工匠系列——夏立：中国电子科技集团公司第五十四研究所钳工，高级技师，担任航空、航天通信天线装配责任人，中国电科首届高技能带头人，于 2016 年 6 月成立夏立创新工作室。他是一名钳工，但在博士扎堆儿的研究所，博士工程师设计出来的图样能不能落到实处，都要听取他的意见。二十多年的时间里，夏立每天和这些半成品通信设备打交道，在生产、组装工艺方面，夏立攻克了一个又一个难关，创造了一个又一个奇迹。

少年时期的夏立就表现出动手能力强，对事物好奇心重的特点，并成长为邻居和同事们眼中的"巧手"。机缘巧合下，夏立从事了他感兴趣的工作，不到 17 岁，夏立就进入五十四所，成为一名学徒钳工。到今天，二十多年的时间里，夏立一直待在五十四所的钳工操作台上，用电钻、扳手、钳子确保经手的军工产品合格率 100%。

作为通信天线装配责任人，夏立先后承担了"天眼"射电望远镜、远望号、索马里护航军舰、"9·3"阅兵参阅方阵上通信设施等卫星天线的预研与装配、校准任务，装配的齿轮间隙仅有 0.004mm。

个人主要荣誉：2016 年"全国技术能手""河北省金牌工人""河北省五一劳动奖章""河北军工大工匠"、2017 年北京世纪坛国防邮电产业大国工匠代表。2019 年 1 月 18 日，夏立当选 2018 年"大国工匠年度人物"。

任务 4.9　曲柄滑块机构装配与调试

【工作描述】

完成曲柄滑块机构装配与调试，保证运行平稳，如图 4-11 所示。

图 4-11　曲柄滑块机构

一、任务目标

【知识目标】

1）掌握装配工作原理。
2）掌握操作装配工具等相关知识。
3）掌握机构的装配方法。
4）掌握常用装配工量具的维护知识。
5）掌握装配工量具的保养知识。

【能力目标】

1）能编制曲柄滑块机构的装配工艺卡。
2）能熟练掌握装配工具的操作。
3）能操作工具完成曲柄滑块机构的装配。
4）能操作工具完成曲柄滑块机构的调试。
5）能完成工量具日常维护。
6）能完成工量具日常保养。

【素养目标】

1）培养学生人身安全、设备安全的意识。
2）培养学生环保的意识。
3）培养学生严谨细致的工作态度。
4）培养学生吃苦耐劳的工作作风。
5）培养学生团队协作的能力。

二、曲柄滑块机构装配与调试工艺分析

曲柄滑块机构由底座、曲柄、连杆与螺钉等多个零部件组装而成，主要依靠手工的装配、修正与调试完成，最终实现曲柄滑块机构的功能。

三、曲柄滑块机构装配与调试工艺卡编制

曲柄滑块机构的装配与调试工艺卡见表 4-19。

表 4-19   曲柄滑块机构的装配与调试工艺卡

序号	内容	工作方式	使用工具	注意事项
1	立柱与滑槽装配	手工		连接牢靠
2	立柱与底板装配	手工	内六角扳手	选用合适的螺钉与垫片
3	立板与底板装配	手工	内六角扳手	
4	立板与曲柄装配	手工	内六角扳手	选用合适的螺钉与垫片
5	滑块与滑槽装配	手工		保证滑动平顺
6	连杆与滑块装配	手工	内六角扳手	选用合适的螺钉与垫片
7	手柄、连杆与曲柄装配	手工		选用合适的螺钉与垫片
8	运动调试	手工		查找问题

四、曲柄滑块机构装配与调试操作

1. 注意事项与工作提示

1）读懂并按照车间的安全标志行事。

2）穿好实训鞋服、佩戴防护眼镜。

3）零件各边去毛刺。

4）装配前准备工作应充分，选择好合理的标准件。

5）装配与调试遇到问题，不能野蛮操作。

2. 曲柄滑块机构的装配与调试

1）参考编制的装配与调试工艺卡，完成曲柄滑块机构的装配。

2）完成曲柄滑块机构的调试。

五、专业拓展

1. 曲柄滑块机构的死点

曲柄滑块机构中，以曲柄为主动件，是不会出现死点的，但会出现滑块行程受限制的情况。若滑块为主动件时，当曲柄与连杆共线时，将出现两个死点位置。

为了使机构能顺利地通过死点而正常运转，必须采取适当的措施，如可采用将两组以上的机构组合使用，从而使各组机构的死点相互错开排列的方法，也可使用安装飞轮加大惯性的方法，借惯性作用通过死点等。

2. 曲柄滑块机构的应用

曲柄滑块机构广泛应用于往复活塞式发动机、压缩机、压力机等机器中，实现往复移动与回转运动的相互转换。

偏置曲柄滑块机构的滑块具有急回特性，锯床就是利用这一特性来达到锯条的慢进和空程急回的目的。

六、延伸阅读

大国工匠系列——王进：国家电网山东省电力公司检修公司高压带电检修工，他取得的成就和荣誉，全部来自电力检修中最艰难也是最危险的环节——带电检修高压、超高压乃至特高压输电线路。高压线路，尤其是超高压和特高压输电线路，是一个地区的电力输送大动脉，在电力保障领域就有了带电检修这样一种高危工种。

从业 20 余年，王进参加超、特高压线路带电作业 400 余次，累计减少停电时间超 700h，成功完成世界首次 ±600kV 直流架空输电线路带电作业。为了更安全高效地完成工作，王进多年来持续进行技术创新，2015 年凭创新成果荣获"国家科学技术进步奖"二等奖，他带领的劳模和工匠人才创新工作室累计完成创新成果 30 项。

王进表示，要激励广大产业工人生出"匠心"、追求"匠艺"，需要为众多普通行业和岗位上的工人们提供更多机会、创造更大成长空间，"只有成长的沃土厚实了，才有工匠百花齐放的大格局。"业余时间，王进将热爱创新的工友聚到一起，组成"卓越带电作业创新团队"，王进和他的团队发明了由 6 个铝合金滑轮组成的走线手套。在线路巡视中，王进还摸索出了一套"紧凑作业法"，即在线路周期性巡视中加入预试工作，边巡视边对合成绝缘子、直线压接管进行红外测温，减少了重复外出作业次数，节约了生产费用。

个人主要荣誉："国家科学技术进步奖"二等奖、"全国劳动模范""全国五一劳动奖章""全国五四青年奖章"、2018 年"大国工匠年度人物"。

项目5
PROJECT 5

旋动凸轮机构的加工与调试

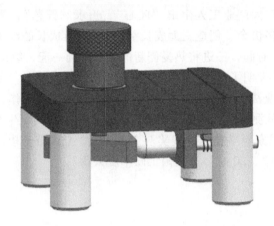

【项目机构介绍】

旋动凸轮机构是由具有一定轮廓或凹槽的凸轮、从动件和机架等所组成的传动机构。

【任务总目标】

完成旋动凸轮机构各非标部件的加工，完成旋动凸轮机构的装配与机构功能调试。

【旋动凸轮机构零部件说明】

旋动凸轮机构各组成部件及数量见表5-1。

表5-1 旋动凸轮机构各组成部件及数量

序号	部件名称	材质	数量	说明
1	底座	2A12	1	加工件
2	旋动轴	45	1	加工件
3	顶杆架	H59	4	加工件
4	顶杆	45	1	加工件
5	三角凸轮	45	1	加工件
6	支柱	45	4	加工件
7	弹簧	65	1	标准件（φ1×7×22×15N）
8	轴承	GCr15	1	标准件（627ZZ）
9	螺钉	Q235	2	标准件（M6×10）

【工作方法】

1) 读图后细致分析，确认加工方式、加工机床、刀具、量具、编制各零件的加工工艺卡。
2) 以小组讨论的形式完成工作计划。
3) 按照工作计划，完成加工工艺卡填写。
4) 完成非标零部件加工的任务。
5) 完成旋动凸轮机构的装配与调试。
6) 与教师讨论，进行工作总结。

【注意事项与劳动安全提示】

1) 读懂并按照车间的安全标志行事。
2) 机床只能由一人操作，不可多人同时操作机床。
3) 穿实训鞋服、佩戴防护眼镜。
4) 毛坯各边去毛刺，避免划伤危险。
5) 加工前准备工作应充分，检查刀具装夹是否牢固。
6) 检查钳口是否清理干净。
7) 工件装夹时应确定是否夹紧。
8) 配制切削液时，应戴防护手套，防止对皮肤的腐蚀性伤害。
9) 停机测量工件时，应将工件移出，避免人体被刀具误伤。

【环境保护】

1) 参照实训场所卫生管理制度执行。
2) 切屑应放置在指定的收集处。
3) 废油废液应放置在指定的收集处。

任务 5.1　底座加工与检测

【工作描述】

依据图样要求，加工底座零件，保证尺寸、表面粗糙度等技术要求，如图 5-1 所示。

一、任务目标

【知识目标】

1) 掌握铣床、钻床工作原理。
2) 掌握铣床、钻床加工中装夹、刀具、检测等相关知识。

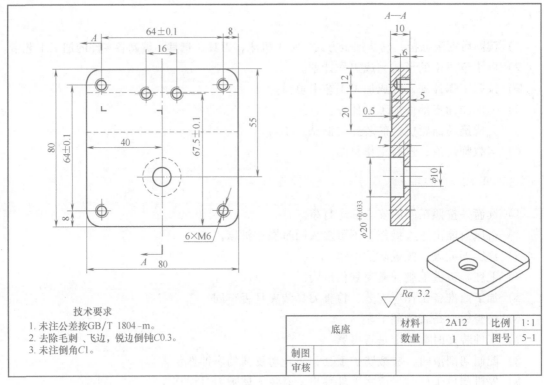

图 5-1 底座

3）掌握平面、直沟槽、钻孔、攻螺纹、圆角的加工方法。

4）掌握铣床、钻床的日常维护知识。

5）掌握铣床、钻床的保养知识。

【能力目标】

1）能熟练完成铣床、钻床的开机、关机，掌握操作要领。

2）能识读底座的零件图样。

3）能编制底座加工工艺卡。

4）能操作铣床、钻床完成底座加工。

5）能正确选择量具并测量底座。

6）能完成铣床、钻床日常维护。

7）能完成铣床、钻床日常保养。

【素养目标】

1）培养学生人身安全、设备安全的意识。

2）培养学生环保的意识。

3）培养学生严谨细致的工作态度。

4）培养学生吃苦耐劳的工作作风。

5）培养学生团队协作的能力。

二、底座加工工艺分析

1. 读零件图

1）认真分析零件图，确认底座的材料为 2A12、数量为 1。

2）认真分析零件图，确认底座为平面类零件。

3）明确底座各部位的尺寸、公差和表面粗糙度。

2. 选择毛坯

根据工件外形尺寸以及确保加工精度所必须预留的加工余量，选用毛坯为 82mm×82mm×12mm 的型材。

3. 选择加工方式

底座属于平面类零件，涉及的加工内容有平面加工、直沟槽、钻孔、攻螺纹、倒角等，选用的加工设备是铣床、钻床，结合钳工操作完成。

三、底座加工工艺卡编制

底座的加工工艺卡见表 5-2。

表 5-2　底座的加工工艺卡

序号	内容	设备	工具、刀具	量具	注意事项
1	毛坯装夹	铣床	橡胶锤	刀口形直角尺	夹紧工件,保证水平
2	外形加工	铣床	面铣刀	游标卡尺、千分尺	保证六个平面平行或垂直
3	直沟槽加工	铣床	立铣刀	游标卡尺、千分尺	保证槽宽、槽深
4	划线	手工	划针	游标高度卡尺	注意正反面
5	打样冲眼	手工	样冲、锤子		不偏离中心
6	锉削圆弧	手工	锉刀	半径样板	四个圆弧
7	钻通孔	钻床	麻花钻	游标卡尺	保证孔位置
8	加工沉头孔	钻床	平底麻花钻	游标卡尺	保证同轴
9	孔口倒角	钻床	倒角刀		控制倒角大小
10	钻螺纹底孔	钻床	麻花钻	游标卡尺	控制孔深
11	孔口倒角	钻床	倒角刀		控制倒角大小
12	攻螺纹	手工	丝锥、台虎钳	螺纹塞规	保证丝锥与平面的垂直。通端过,止端止
13	去毛刺	手工	去毛刺刀		

四、底座加工与检测

1. 注意事项与工作提示

1）读懂并按照车间的安全标志行事。

2）机床只能由一人操作，不可多人同时操作机床。

3）穿实训鞋服、佩戴防护眼镜。

4）毛坯各边去毛刺。

5）加工前准备工作应充分，检查刀具是否装夹牢固。

6）工件装夹时应确定是否夹紧。

7）停机测量工件时，应将工件移出，避免人体被刀具误伤。

2. 底座加工与检测结果

参考编制工艺卡，完成底座加工，将底座零件相关尺寸的检测结果填写在表 5-3 中。

表 5-3 底座检测表

序号	检测内容	要求	分值	学生自评			教师评价			评分记录
				实际尺寸	完成情况		实际尺寸	完成情况		
					是	否		是	否	
总计										

五、专业拓展

螺纹塞规是测量内螺纹尺寸正确性的工具。塞规种类可分为普通粗牙、细牙和管螺纹三种。螺距为 0.35mm 或更小的、2 级精度及高于 2 级精度的螺纹塞规，和螺距为 0.8mm 或更小的 3 级精度的螺纹塞规都没有止端测头。100mm 以下的螺纹塞规为锥柄螺纹塞规，100mm 以上的为双柄螺纹塞规。

六、延伸阅读

大国工匠系列——郑春辉：三十年如一日，郑春辉用他爱岗敬业的工匠精神、精益求精的钻研精神、继往开来的创新精神不断地为人民群众创作出一件又一件新时代新风貌的优秀作品。相信在未来，艺术工作者们的努力一定会被更多人关注。

作为木雕行业的领军人物，郑春辉表示，党的十九届五中全会提出到 2035 年建成文化强国的远景目标，令人振奋！作为民间文艺工作者，我们一定要认真学习领会党的十九届五中全会精神，坚定文化自信，在传承发展民族优秀传统文化，推动中华优秀传统文化创造性转变、创新性发展过程中增强使命担当，要不断提升自身修养，探索创新，从民族优秀传统文化和红色文化中吸取营养。坚持以人民为中心，坚持把社会效益放在首位，从当代中国的伟大创新创造中挖掘创作主题，传承"工匠精神"，精益求精，不断创作出能启迪心智、温润心灵的精品力作，满足人民群众日益增长的美好生活需要。不忘初心，砥砺前行，在建设文化强国的伟大目标中做出我们应有的贡献。

个人主要荣誉：2013 年被福建省人民政府评为"福建省劳动模范"、2018 年评选为"中国工艺美术大师"、2019 年"大国工匠年度人物"荣誉称号。

任务 5.2 旋动轴加工与检测

【工作描述】

依据图样要求，加工旋动轴零件，保证尺寸、表面粗糙度等技术要求，如图 5-2 所示。

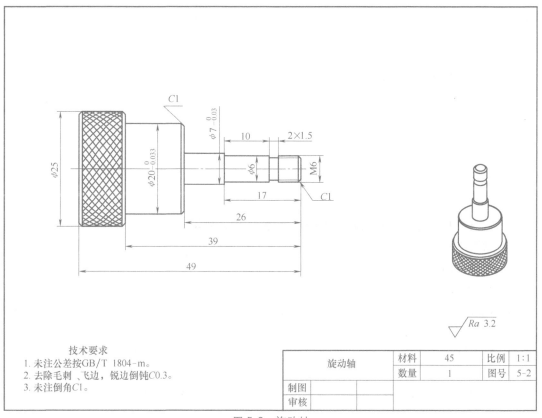

技术要求
1. 未注公差按GB/T 1804-m。
2. 去除毛刺、飞边，锐边倒钝C0.3。
3. 未注倒角C1。

旋动轴	材料	45	比例	1:1
	数量	1	图号	5-2
制图				
审核				

图 5-2 旋动轴

一、任务目标

【知识目标】

1）掌握卧式车床工作原理。

2）掌握卧式车床加工中装夹、刀具、检测等相关知识。

3）掌握外圆、切槽、攻螺纹、套螺纹的加工方法。

4）掌握卧式车床的日常维护知识。

5）掌握卧式车床的保养知识。

【能力目标】

1）能熟练完成卧式车床的开机、关机，掌握操作要领。

2）能识读旋动轴的零件图样。

3）能编制旋动轴加工工艺卡。

4）能操作卧式车床完成旋动轴加工。

5）能正确选择量具并测量旋动轴。

6）能完成卧式车床日常维护。

7）能完成卧式车床日常保养。

【素养目标】

1）培养学生人身安全、设备安全的意识。

2）培养学生环保的意识。

3）培养学生严谨细致的工作态度。

4）培养学生吃苦耐劳的工作作风。

5）培养学生团队协作的能力。

二、旋动轴加工工艺分析

1. 读零件图

1）认真分析零件图，确认旋动轴的材料为45钢、数量为1。

2）认真分析零件图，确认旋动轴为简单回转体零件。

3）明确旋动轴各部位的尺寸、公差和表面粗糙度。

2. 选择毛坯

根据工件外形尺寸以及确保加工精度所必须预留的加工余量，选用毛坯为 $\phi 26mm \times 250mm$ 的型材。

3. 选择加工方式

旋动轴属于简单回转体零件，涉及的加工内容有端面加工、外圆加工、倒角、切槽、工件切断、攻螺纹、套螺纹等，选用的加工设备是车床，结合钳工操作完成。

三、旋动轴加工工艺卡编制

旋动轴的加工工艺卡见表5-4。

表5-4　旋动轴的加工工艺卡

序号	内容	设备	工具、刀具	量具	注意事项
1	毛坯装夹	车床	卡盘钥匙	游标卡尺	夹紧工件，钥匙及时取下
2	端面加工	车床	端面车刀	游标卡尺	刀具高度与工件中心一致
3	外圆加工	车床	外圆车刀	游标卡尺、千分尺	保证表面质量
4	倒角	车床	倒角刀		注意倒角大小
5	切退刀槽	车床	切槽刀	游标卡尺	保证槽宽、槽深，控制进给速度

（续）

序号	内容	设备	工具、刀具	量具	注意事项
6	套螺纹	车床手工	板牙	螺纹环规	保证板牙与轴线垂直。通规过，止规止
7	滚花	车床	滚花刀		控制力度
8	切断	车床	切断刀	游标卡尺	控制进给速度
9	端面加工	车床	端面车刀	游标卡尺	调头，注意保护已加工表面，保证工件总长
10	倒角	车床	倒角刀		注意倒角大小
11	去毛刺	手工	去毛刺刀		工件不扎手

四、旋动轴加工与检测

1. 注意事项与工作提示

1）读懂并按照车间的安全标志操作。

2）机床只能由一人操作，不可多人同时操作机床。

3）穿实训鞋服、佩戴防护眼镜。

4）毛坯各边去毛刺。

5）加工前准备工作应充分，检查刀具是否装夹牢固。

6）工件装夹时应确定是否夹紧。

7）停机测量工件时，应将工件移出，避免人体被刀具误伤。

2. 旋动轴加工与检测结果

参考编制的工艺卡，完成旋动轴的加工，将旋动轴零件相关尺寸的检测结果填写在表5-5中。

表5-5　旋动轴检测表

序号	检测内容	要求	分值	学生自评			教师评价			评分记录
				实际尺寸	完成情况		实际尺寸	完成情况		
					是	否		是	否	
总计										

五、专业拓展

在机械加工中，越程槽与退刀槽的结构是一样的，为方便磨削而开的槽一般称为越程槽，为车削方便而开的槽一般称为退刀槽。

1. 越程槽

砂轮在磨削的时候边缘磨损较快，加工零件时会在根部磨出一个圆角，磨削夹角时没法磨到所需的精度和表面粗糙度。在需要磨削台阶轴的外径和台阶端面时，为了方便退出砂轮而沿圆周方向开一个槽，这个槽就称为砂轮越程槽，简称越程槽。

2. 退刀槽

车螺纹时，工件旋转和车刀的轴向进给是机械联动的，当车到尾部时，车刀径向退出，此时工件仍在旋转，车刀仍在轴向进给，故而有一段没用的螺纹尾巴。很多情况下，不希望有这段尾巴，于是就在车螺纹之前将发生尾巴的那一段车出一个槽，这个槽的直径小于螺纹小径，长度足够将车刀退出，这个槽就称为退刀槽。

六、延伸阅读

大国工匠系列——竺士杰：宁波舟山港桥吊司机，全国劳动模范。从事桥吊操作 20 多年来，他自创"竺士杰桥吊操作法"，显著提升了传统桥吊操作效率，帮助司机在 40 多米的高空"稳、准、快"地完成集装箱装卸作业。

记不清做过多少次试验，竺士杰一直在寻找解决行走不同距离、起吊不同重量、不同箱型、不同船型结构、不同设备性能及大风等特殊天气下的作业方法。他在每个环节掐秒表，将操作细化到每个微小动作，为了练习精准推档，卡在手柄上的虎口都磨出了血泡。由于尝试新操作法，竺士杰的操作效率明显下滑，同事也颇为意外，"一向排名靠前的竺士杰怎么了？"

功夫不负有心人，经过一年半的摸索与总结，2003 年，一套"稳、准、快"的桥吊操作法诞生了。新操作法仅需两个步骤就能让秋千般的吊具及货物稳定下来，并精准地落到指定位置，相比老操作法节省了一半以上时间。

个人主要荣誉：2015 年被评为"全国劳模"、2019 年荣获"大国工匠年度人物"荣誉称号、2021 年荣获"第八届全国道德模范"荣誉称号、2023 年荣获浙江"首席技师"称号。

任务 5.3 顶杆架加工与检测

【工作描述】

依据图样要求，加工顶杆架零件，保证尺寸、几何公差等技术要求，如图 5-3 所示。

一、任务目标

【知识目标】

1）掌握铣床工作原理。

2）掌握铣床加工中装夹、刀具、检测等相关知识。

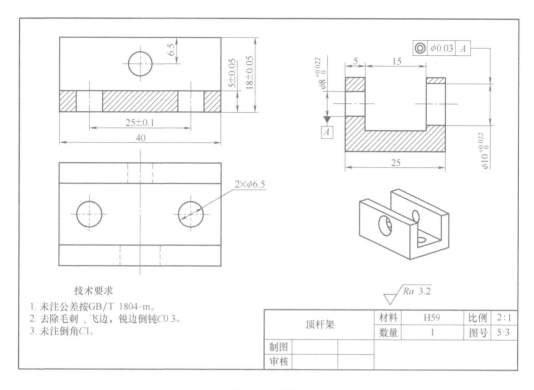

图 5-3 顶杆架

3）掌握铣床的日常维护知识。

4）掌握铣床的保养知识。

【能力目标】

1）能熟练完成铣床的开机、关机，掌握操作要领。

2）能识读顶杆架的零件图样。

3）能编制顶杆架加工工艺卡。

4）能操作铣床完成顶杆架加工。

5）能正确选择量具并测量顶杆架。

6）能完成铣床日常维护。

7）能完成铣床日常保养。

【素养目标】

1）培养学生人身安全、设备安全的意识。

2）培养学生环保的意识。

3）培养学生严谨细致的工作态度。

4）培养学生吃苦耐劳的工作作风。

5）培养学生团队协作的能力。

二、顶杆架加工工艺分析

1. 读零件图

1) 认真分析零件图，确认顶杆架的材料为 H59、数量为 1。

2) 认真分析零件图，确认顶杆架为带槽平面类零件。

3) 明确顶杆架各部位的尺寸、公差和表面粗糙度。

2. 选择毛坯

根据工件外形尺寸以及确保加工精度所必须预留的加工余量，选用毛坯为 46mm×26mm×20mm 的型材。

3. 选择加工方式

顶杆架属于带槽平面类零件，涉及的加工工艺有平面加工、铣槽、钻孔、铰孔等，选用的加工设备是铣床，结合钳工操作完成。

三、顶杆架加工工艺卡编制

顶杆架的加工工艺卡见表 5-6。

表 5-6　顶杆架的加工工艺卡

序号	内容	设备	工具、刀具	量具	注意事项
1	毛坯装夹	铣床	机用虎钳、橡胶锤	游标卡尺	夹紧工件、保证水平
2	外形加工	铣床	面铣刀	游标卡尺	保证六个平面平行或垂直
3	槽加工	铣床	立铣刀	游标卡尺	保证槽深、槽宽
4	划线	手工	划针	游标高度卡尺	保证所有孔位置
5	打样冲眼	手工	样冲、锤子		不偏离中心
6	钻孔	钻床	麻花钻、机用虎钳	游标卡尺	槽底两个孔
7	孔口倒角	钻床	倒角刀		控制倒角大小
8	调转装夹	钻床	机用虎钳	游标卡尺	夹紧工件
9	钻孔	钻床	麻花钻	游标卡尺	两侧壁都有孔
10	扩孔	钻床	麻花钻	游标卡尺	一侧壁有孔
11	孔口倒角	钻床	倒角刀		控制倒角大小
12	铰孔	手工	铰刀	游标卡尺、塞规	注意两侧壁孔大小不同
13	去毛刺	手工	去毛刺刀		

四、顶杆架加工与检测

1. 注意事项与工作提示

1) 读懂并按照车间的安全标志行事。

2) 机床只能由一人操作，不可多人同时操作机床。

3) 穿实训鞋服、佩戴防护眼镜。

4）毛坯各边去毛刺。

5）加工前准备工作应充分，检查刀具是否装夹牢固。

6）工件装夹时应确定是否夹紧。

7）停机测量工件时，应将工件移出，避免人体被刀具误伤。

2. 顶杆架加工与检测结果

参考编制的工艺卡，完成顶杆架的加工，将顶杆架零件相关尺寸的检测结果填写在表 5-7 中。

表 5-7 顶杆架检测表

序号	检测内容	要求	分值	学生自评			教师评价			评分记录
				实际尺寸	完成情况		实际尺寸	完成情况		
					是	否		是	否	
总计										

五、专业拓展

加工一般深孔时，多数情况下长径比 $L/d \geqslant 100$，如液压缸孔、轴的轴向油孔、空心主轴孔和液压阀孔等。这些孔中，有的要求加工精度和表面质量较高，而且有的被加工材料的切削加工性较差，常常成为生产中的难题。

深孔加工通用的方法有以下几种：

1）小型模具的深孔，可用加长钻头在立式钻床或摇臂钻床上进行，加工时应注意及时排屑并进行冷却，进刀量要小，防止孔偏斜。

2）中、大型模具的深孔，可在摇臂钻床或专用深孔钻床上完成。

3）如果孔的深度很大并且精度要求较低，可采用先划线后两面对钻的加工方法。

4）对于有一定垂直度要求的深孔，加工时必须采用一定的工艺措施予以导向，如采用钻模等。

5）对于直径小于 20mm 且长径比大于 100 的深孔，可以采用枪钻加工。

六、延伸阅读

大国工匠系列——孙红梅：20 多年来，一把焊枪，把孙红梅的青春岁月与航修事业紧紧地"焊"在了一起。"肯定有过失败、有过彷徨，有过失落。"孙红梅坦言，毕业刚到襄阳的工厂时，作为材料专业的高才生，每天的工作却是对发动机上拆卸下来的黑乎乎、油腻腻的零件进行修修补补，她也曾一度迷惘。

"当时人都是懵的，四面环山，交通不便，甚至比山东老家还要闭塞，吃住都不习惯，电话经常要排队打，我的工作只是修修补补一些小而碎的零部件，并没有想象中的激动与荣光。"巨大的落差加上父母希望孙红梅离家近点，同学也劝她回山东发展，孙红梅有过动摇。正在她犹豫时，厂里新引进了美国焊机，功能强大，但焊机上全是英文，大家都看不懂。孙红梅的焊工师父只是一个普通的技校生，依然带着大家研究，最后摸索出脉冲氩弧焊工艺，挽救了大批停修的设备，当时就为工厂节约资金近百万元。这让孙红梅看到了技术创新的力量，也意识到自己有些眼高手低。她迅速调整状态，克服生活困难，苦练技术本领。白天，穿行在生产现场，熟悉各种型号的产品性能，潜心钻研产品原理，向老师傅讨经验、试焊；晚上，捡起专业书本为自己"充电"，学习新技术。

"只要全身心地投入工作，别看小小的零部件，也照样有广阔天地。"这句话成了 20 多年来，孙红梅说得最多的一句话。

多年来，孙红梅攻克了 50 多项技术难题，其中 4 项获得专利，多次获得军队科学技术进步奖。

个人主要荣誉：2018 年获得"中国敬业奉献好人"称号、2019 年获得"大国工匠年度人物"荣誉称号。

任务 5.4 顶杆加工与检测

【工作描述】

依据图样要求，加工顶杆零件，保证尺寸、同轴度等技术要求，如图 5-4 所示。

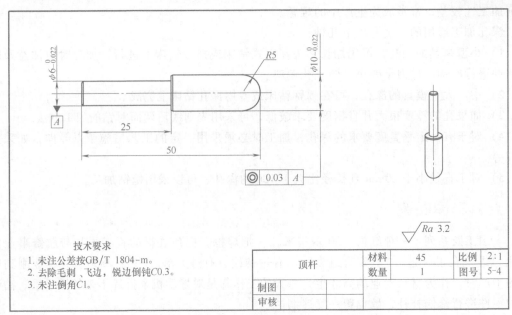

技术要求
1. 未注公差按GB/T 1804-m。
2. 去除毛刺、飞边，锐边倒钝C0.3。
3. 未注倒角C1。

	顶杆	材料	45	比例	2:1
		数量	1	图号	5-4
制图					
审核					

图 5-4 顶杆

一、任务目标

【知识目标】

1）掌握卧式车床工作原理。
2）掌握卧式车床加工中装夹、刀具、检测等相关知识。
3）掌握端面、圆弧的加工方法。
4）掌握卧式车床的日常维护知识。
5）掌握卧式车床的保养知识。

【能力目标】

1）能熟练完成卧式车床的开机、关机，掌握操作要领。
2）能识读顶杆的零件图样。
3）能编制顶杆加工工艺卡。
4）能操作卧式车床完成顶杆加工。
5）能正确选择量具并测量顶杆。
6）能完成卧式车床日常维护。
7）能完成卧式车床日常保养。

【素养目标】

1）培养学生人身安全、设备安全的意识。
2）培养学生环保的意识。
3）培养学生严谨细致的工作态度。
4）培养学生吃苦耐劳的工作作风。
5）培养学生团队协作的能力。

二、顶杆加工工艺分析

1. 读零件图
1）认真分析零件图，确认顶杆的材料为 45 钢、数量为 1。
2）认真分析零件图，确认顶杆为简单回转类零件。
3）明确顶杆各部位的尺寸、公差和表面粗糙度。

2. 选择毛坯
根据工件外形尺寸以及确保加工精度所必须预留的加工余量，选用毛坯为 $\phi12\text{mm} \times 250\text{mm}$ 的型材。

3. 选择加工方式
顶杆属于简单回转类零件，涉及的加工内容有端面加工、外圆加工、倒角、球头加工等，选用的加工设备是车床，结合钳工操作完成。

三、顶杆加工工艺卡编制

顶杆的加工工艺卡见表 5-8。

表 5-8　顶杆的加工工艺卡

序号	内容	设备	工具、刀具	量具	注意事项
1	毛坯装夹	车床	卡盘钥匙	游标卡尺	夹紧工件,钥匙及时取下
2	端面加工	车床	端面车刀	游标卡尺、千分尺	车端面,见光即可
3	车外圆	车床	外圆车刀	游标卡尺、千分尺	保证表面质量
4	倒角	车床	倒角刀		注意倒角大小
5	车球头	车床	成形车刀	半径样板、游标卡尺	
6	切断	车床	切断刀	游标卡尺	控制进给速度
7	端面加工	车床	端面车刀	游标卡尺、千分尺	调头,注意保护已加工表面,保证工件总长
8	倒角	车床	倒角刀		注意倒角大小
9	去毛刺	手工	去毛刺刀		

四、顶杆加工与检测

1. 注意事项与工作提示

1）读懂并按照车间的安全标志行事。

2）机床只能由一人操作,不可多人同时操作机床。

3）穿实训鞋服、佩戴防护眼镜。

4）毛坯各边去毛刺。

5）加工前准备工作应充分,检查刀具是否装夹牢固。

6）工件装夹时应确定是否夹紧。

7）停机测量工件时,应将工件移出,避免人体被刀具误伤。

2. 顶杆加工与检测结果

参考编制的工艺卡,完成顶杆的加工,将顶杆零件相关尺寸的检测结果填写在表 5-9 中。

表 5-9　顶杆检测表

序号	检测内容	要求	分值	学生自评			教师评价			评分记录
				实际尺寸	完成情况		实际尺寸	完成情况		
					是	否		是	否	
总计										

五、专业拓展

滚珠丝杠是工具机械和精密机械上常用的传动元件，其主要功能是将旋转运动转换成线性运动，或将转矩转换成轴向反复作用力，同时兼具高精度、可逆性和高效率的特点。由于工作时具有很小的摩擦阻力，滚珠丝杠被广泛应用于各种工业设备和精密仪器中。

1. 发展历史

人们应用螺杆来做传动的历史其实不算很长，传统上的螺杆一直有定位不佳、易损坏的情况。直到 1898 年人们才首次尝试将钢珠置入螺母及螺杆之间以滚动摩擦取代滑动摩擦，来改善其定位不佳及易损坏的情况。

2. 应用

1）轧制级滚珠丝杠：低摩擦、运转顺畅的场合。

2）端盖式滚珠丝杠：快速搬运系统、一般产业机械、自动化机械。

3）高速化滚珠丝杠：数控机械、精密工具机械、产业机械、电子机械、高速化机械。

4）精密研磨级滚珠丝杠：数控机械、精密工具机械、产业机械、电子机械、输送机械、航天工业、其他天线使用的致动器、阀门开关装置等。

5）螺母旋转式（R1）系列滚珠丝杠：半导体机械、工业机器人、木工机械、激光加工机械、搬送装置等。

6）重载荷滚珠丝杠：全电式射出成形机、冲压机、半导体制造装置、重载荷制动器、产业机械、锻压机械。

六、延伸阅读

大国工匠系列——谭文波：中国石油集团西部钻探工程有限公司试油公司试油工。听诊大地弹指可定；相隔厚土锁缚"气海油龙"。宝藏在黑暗中沉睡，他以无声的温柔唤醒。他用黑色的眼睛，闪亮试油的"中国路径"，他就是谭文波。

谭文波坚守大漠戈壁 20 多年，是油田里的"土发明家"。他领衔发明的具有自主知识产权的新型桥塞坐封工具，投入使用上千井次。他解决一线生产疑难问题 30 多项，技术转化革新成果 4 项，获得国家发明专利 4 项，实用新型专利 8 项。他还培养出一大批青年技术骨干，为企业创收近亿元。

个人主要荣誉：中央宣传部、全国总工会授予 2018 年"最美职工"荣誉称号、2018 年"全国五一劳动奖章"、2018 年"大国工匠年度人物"、2020 年"全国劳动模范"、2022 年被人力资源社会保障部授予"中华技能大奖"。

任务 5.5　三角凸轮加工与检测

【工作描述】

依据图样要求，加工三角凸轮零件，保证尺寸、表面粗糙度等技术要求，如图 5-5 所示。

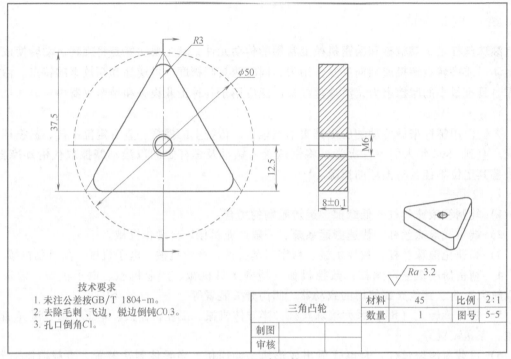

技术要求
1. 未注公差按GB/T 1804—m。
2. 去除毛刺、飞边，锐边倒钝C0.3。
3. 孔口倒角C1。

		材料	45	比例	2:1
	三角凸轮	数量	1	图号	5-5
制图					
审核					

图 5-5 三角凸轮

一、任务目标

【知识目标】

1）掌握铣床、钻床工作原理。

2）掌握铣床、钻床加工中装夹、刀具、检测等相关知识。

3）掌握平面、划线、钻孔的加工方法。

4）掌握铣床、钻床的日常维护知识。

5）掌握铣床、钻床的保养知识。

【能力目标】

1）能熟练完成铣床、钻床的开机、关机，掌握操作要领。

2）能识读三角凸轮的零件图样。

3）能编制三角凸轮加工工艺卡。

4）能操作铣床、钻床、钳工完成三角凸轮加工。

5）能正确选择量具并测量三角凸轮。

6）能完成铣床、钻床日常维护。

7）能完成铣床、钻床日常保养。

【素养目标】

1）培养学生人身安全、设备安全的意识。

2）培养学生环保的意识。

3）培养学生严谨细致的工作态度。

4）培养学生吃苦耐劳的工作作风。

5）培养学生团队协作的能力。

二、三角凸轮加工工艺分析

1. 读零件图

1）认真分析零件图，确认三角凸轮的材料为 45 钢、数量为 1。

2）认真分析零件图，确认三角凸轮为简单平面类零件。

3）明确三角凸轮各部位的尺寸、偏差和表面粗糙度。

2. 选择毛坯

根据工件外形尺寸以及确保加工精度所必须预留的加工余量，选用毛坯为 $\phi50mm \times 10mm$。

3. 选择加工方式

三角凸轮属于简单平面类零件，涉及的加工内容有平面加工、划线、锯削、锉削、钻孔、攻螺纹等，选用的加工设备是铣床、钻床，结合钳工操作完成。

三、三角凸轮加工工艺卡编制

三角凸轮的加工工艺卡见表 5-10。

表 5-10　三角凸轮的加工工艺卡

序号	内容	设备	工具、刀具	量具	注意事项
1	毛坯装夹	铣床	橡胶锤、垫块		夹紧工件，保证水平
2	平面加工	铣床	平面铣刀	游标卡尺	保证厚度尺寸
3	划线	手工	划针	游标高度卡尺	保证位置
4	打样冲眼	手工	样冲、锤子		不偏离中心
5	锯削外形	手工	锯弓	游标卡尺	保证外形，控制余量
6	锉削外形	手工	锉刀	游标卡尺、半径样板	保证外形，控制精度
7	钻螺纹底孔	钻床	麻花钻	游标卡尺	保证工件水平
8	孔口倒角	钻床	倒角刀		控制倒角大小
9	攻螺纹	手工	丝锥、台虎钳	螺纹塞规	保证丝锥与平面的垂直。通端过，止端止
10	去毛刺	手工	去毛刺刀		

四、三角凸轮加工与检测

1. 注意事项与工作提示

1）读懂并按照车间的安全标志行事。

2）机床只能由一人操作，不可多人同时操作机床。

3）穿实训鞋服、佩戴防护眼镜。

4）毛坯各边去毛刺。

5）加工前准备工作应充分，检查刀具是否装夹牢固。

6）工件装夹时应确定是否夹紧。

7）注意孔的划线位置。

8）停机测量工件时，应将工件移出，避免人体被刀具误伤。

2. 三角凸轮加工与检测结果

参考编制的工艺卡，完成三角凸轮的加工，将三角凸轮零件相关尺寸的检测结果填写在表 5-11 中。

表 5-11　三角凸轮检测表

序号	检测内容	要求	分值	学生自评			教师评价			评分记录
				实际尺寸	完成情况		实际尺寸	完成情况		
					是	否		是	否	
总计										

五、专业拓展

1. 锯削薄板

锯削薄板料时，可将薄板夹在两木板之间，连同木板一起锯削，这样既可避免锯齿被钩住，又可增加薄板的刚性，如图 5-6a 所示。另外，也可将薄板料夹在台虎钳上，用手锯做横向斜推，就能使同时参与锯削的齿数增加，避免锯齿被钩住，同时能增加工件的刚性，锯削时尽可能从宽面上锯下去，如图 5-6b 所示。

木板

薄板料

a) 用木板夹持　　　　　　　b) 横向斜推锯

图 5-6　薄板料的锯削

2. 锯削薄壁管

锯削薄壁管时，不可从一个方向锯削到结束，应当锯条锯削至管子内壁处，将管子向推锯方向转过一个角度，锯条再依照原有的锯缝继续锯削，不断转动，不断锯削，直至锯削结束。

六、延伸阅读

大国工匠系列——李凯军：中国第一汽车集团公司铸造公司模具钳工高级技师。他刻苦钻研模具制造专业知识，练就高超的钳工技术，加工制造了数百种优质模具，尤其是出色完成了重型车变速器壳体等高难度压铸模具的制造，在我国高、精、尖复杂模具加工方面独具特色。

"技艺高信誉就高，绝活多市场就大。"这是李凯军的切身体会。

1989年7月，李凯军毕业于中国一汽技工学校维修钳工专业，被分配到一汽集团公司所属的铸造有限公司铸造模具厂做了一名模具制造钳工。从学校走进工厂，李凯军把这重要的一步作为学习技能、苦练硬功的新起点。当时，李凯军只有一个念头："学好本事，干好工作，做一名有出息的工人。"想法虽普通，但折射出来的却是他岗位成才的志向。模具制造涉及车、钳、铣、刨、镗、电焊等技术。只有全面掌握了这些技术，工作起来才能融会贯通，得心应手。面对这么多要学的东西，李凯军充分利用每分钟的时间，一项一项地去攻关。有关的书籍、资料，他学了一遍又一遍。他对自己的要求是：理论上要弄通，操作上要练精。俗话说，功夫不负有心人。通过勤学苦练，李凯军的技术得到了全面提高。入厂仅7个月，他就独立完成了CA141发动机盖板模具的制造。这套模具技术要求高，尺寸公差小，就连一些干了几十年的老师傅都认为这是一项难干的活。当这件模具摆在质检员面前时，被定为一等品。

这些年来，李凯军所取得的技术创新和改进项目超过百项。工友们说，汽车上凡是涉及模具的部件，几乎都留下了李凯军攻关的成果。为了表彰李凯军为企业做出的突出贡献，2002年6月，一汽将他评为一级操作师，并像对待高级管理人员、高级专业技术人员一样，为他配备了一辆捷达轿车。

个人主要荣誉：全国"五一劳动奖章""中华技能大奖"、2019年"大国工匠年度人物"。

任务5.6 支柱加工与检测

【工作描述】

依据图样要求，加工支柱零件，保证尺寸、表面粗糙度等技术要求，如图5-7所示。

一、任务目标

【知识目标】

1）掌握卧式车床工作原理。

2）掌握卧式车床加工中装夹、刀具、检测等相关知识。

3）掌握外圆、切槽、倒角、套螺纹的加工方法。

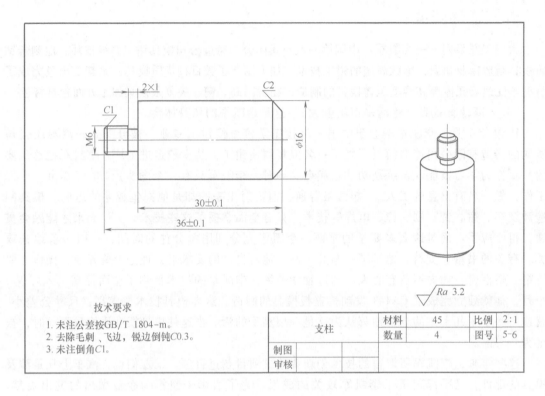

技术要求

1. 未注公差按GB/T 1804-m。
2. 去除毛刺、飞边，锐边倒钝C0.3。
3. 未注倒角C1。

支柱		材料	45	比例	2:1
		数量	4	图号	5-6
制图					
审核					

图 5-7 支柱

4）掌握卧式车床的日常维护知识。

5）掌握卧式车床的保养知识。

【能力目标】

1）能熟练完成卧式车床的开机、关机，掌握操作要领。

2）能识读支柱的零件图样。

3）能编制支柱加工工艺卡。

4）能操作卧式车床完成支柱加工。

5）能正确选择量具并测量支柱。

6）能完成卧式车床日常维护。

7）能完成卧式车床日常保养。

【素养目标】

1）培养学生人身安全、设备安全的意识。

2）培养学生环保的意识。

3）培养学生严谨细致的工作态度。

4）培养学生吃苦耐劳的工作作风。

5）培养学生团队协作的能力。

二、支柱加工工艺分析

1. 读零件图

1）认真分析零件图，确认支柱的材料为45钢、数量为4。

2）认真分析零件图，确认支柱为简单回转体零件。

3）明确支柱各部位的尺寸、公差和表面粗糙度。

2. 选择毛坯

根据工件外形尺寸以及确保加工精度所必须预留的加工余量，选用毛坯为 $\phi18mm \times 250mm$ 的型材。

3. 选择加工方式

支柱属于简单回转体零件，涉及的加工内容有端面加工、外圆加工、倒角、切槽、工件切断、套螺纹等，选用的加工设备是车床，结合钳工操作完成。

三、支柱加工工艺卡编制

支柱的加工工艺卡见表5-12。

表 5-12 支柱的加工工艺卡

序号	内容	设备	工具、刀具	量具	注意事项
1	毛坯装夹	车床	卡盘钥匙	游标卡尺	夹紧工件，钥匙及时取下
2	端面加工	车床	端面车刀	游标卡尺	刀具与工件中心一致
3	外圆加工	车床	外圆车刀	游标卡尺、千分尺	保证表面质量
4	倒角	车床	倒角刀		注意倒角45°
5	切退刀槽	车床	切槽刀	游标卡尺	保证槽宽、槽深，控制进给速度
6	切断	车床	切断刀	游标卡尺	控制进给速度
7	端面加工	车床	端面车刀	游标卡尺	调头，注意保护已加工表面，保证工件总长
8	倒角	车床	倒角刀		注意倒角45°
9	套螺纹	手工	板牙	螺纹环规	保证板牙与轴线垂直。通规过，止规止
10	去毛刺	手工	去毛刺刀		

四、支柱加工与检测

1. 注意事项与工作提示

1）读懂并按照车间的安全标志操作。

2）机床只能由一人操作，不可多人同时操作机床。

3）穿实训鞋服、佩戴防护眼镜。

4）毛坯各边去毛刺。

5）加工前准备工作应充分，检查刀具是否装夹牢固。

6）工件装夹时应确定是否夹紧。

7）停机测量工件时，应将工件移出，避免人体被刀具误伤。

2. 支柱加工与检测结果

参考编制的工艺卡，完成支柱的加工，将支柱零件相关尺寸的检测结果填写在表 5-13 中。

表 5-13　支柱检测表

序号	检测内容	要求	分值	学生自评			教师评价			评分记录
				实际尺寸	完成情况		实际尺寸	完成情况		
					是	否		是	否	
总计										

五、专业拓展

砂轮机是用来刃磨各种刀具、工具的常用设备，也用做普通小零件进行磨削、去毛刺等工作。

砂轮机使用时应严格遵守安全操作规程：

1）选择与砂轮机相符合的砂轮。

2）安装砂轮时，砂轮内孔与主轴配合的间隙要符合技术要求。

3）砂轮装好后，要装防护罩、挡板和托架。

4）新装砂轮起动时，不要过急，先点动检查，经过 5~10min 试转后，才能使用。

5）砂轮机的旋转方向要正确，只能使磨屑向下飞离砂轮。

6）砂轮机起动后，应在砂轮机旋转平稳后再进行磨削。

7）操作者应戴好防护眼镜。

8）磨削时应站在砂轮机的侧面，且用力不宜过大。

9）初磨时不能用力过猛，以免砂轮受力不均而发生事故。

10）磨刀时间较长的刀具，应及时进行冷却，防止烫手。

11）禁止磨削纯铜、铅、木头等材料，以防砂轮嵌塞。

12）经常修整砂轮表面的平衡度，保持良好的状态。

六、延伸阅读

大国工匠系列——戴振涛：航母阻拦机是一个占据了整个船尾的大型设备，每一根导轨都有数十米长，都必须达到每米水平精度不超过一根头发丝直径 1/6 的误差。在一张简单的示意图上，戴振涛标记出了最基础的数十个安装点。数十米对应头发丝直径的 1/6，要达到如此苛刻的精度要求，就必须通过拉线测量来实现。

原本作为钳工的戴振涛，十年时间，却更像是一位数学家，埋头扎进了一堆堆的数据中。研磨零件不再是他的主要工作，测量、计算、调整，再测量、再计算、再调整，这些枯燥单调的数据才是戴振涛最重要的工作。

2012 年 11 月 23 日，歼 15 战斗机第一次在辽宁舰的甲板上被阻拦索稳稳拉住，成功着舰。中国海军航空兵从此在我国首艘航母上安营扎寨，拥有舰载机战斗力的辽宁舰从此成为真正意义上的航母。戴振涛说："能参与航母建造也是一生最值得骄傲的一件事情"。

良工方能成为巧匠，十年日复一日，不怕枯燥，不怕单调，恪尽职守，精益求精，铸就了工匠精神。一个国家、一个民族的发展，离不开各行各业劳动者的共同推动。也正是有许许多多像戴振涛这样的人，在平凡的岗位创造非凡的业绩，为中国制造高质量发展保驾护航。

个人主要荣誉：2012 年荣获"全国技术能手"称号、2013 年"全国五一劳动奖章"、2017 年荣获首批"辽宁工匠"称号、2019 年"大国工匠年度人物"荣誉称号。

任务 5.7 旋动凸轮机构装配与调试

【工作描述】

完成旋动凸轮机构装配与调试，保证运行平稳，如图 5-8 所示。

一、任务目标

【知识目标】

1）掌握装配工作原理。
2）掌握装配工具操作相关知识。
3）掌握机构的装配方法。
4）掌握常用装配工、量具的维护知识。
5）掌握装配工、量具的保养知识。

【能力目标】

1）能熟练掌握装配工具的操作要领。
2）能编制旋动凸轮机构的装配工艺卡。
3）能操作工具完成旋动凸轮机构的装配。
4）能操作工具完成旋动凸轮机构的调试。
5）能完成工、量具日常维护。
6）能完成工、量具日常保养。

【素养目标】

1）培养学生人身安全、设备安全的意识。

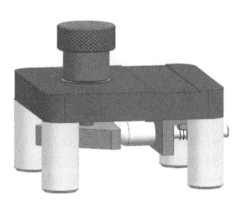

图 5-8 旋动凸轮机构

2）培养学生环保的意识。

3）培养学生严谨细致的工作态度。

4）培养学生吃苦耐劳的工作作风。

5）培养学生团队协作的能力。

二、旋动凸轮机构装配与调试工艺分析

旋动凸轮机构由底座、机架、凸轮、顶杆等多个零部件组装而成，主要依靠手工装配、修正与调试完成，最终实现旋动凸轮机构的功能。

三、旋动凸轮机构装配与调试工艺卡编制

旋动凸轮机构的装配与调试工艺卡见表5-14。

表5-14　旋动凸轮机构的装配与调试工艺卡

序号	内容	工作方式	使用工具	注意事项
1	机架与面板装配	手工	内六角扳手	选用合适的螺钉与垫片
2	支柱与面板装配	手工		保证连接牢靠
3	旋动轴与轴承装配	手工	橡胶锤	保证连接牢靠
4	旋动轴与面板装配	手工	橡胶锤	中间轴承放置到位
5	旋动轴与凸轮装配	手工		保证连接牢靠
6	机架、弹簧与顶杆装配	手工		与凸轮连接到位
7	运动调试	手工		查找问题

四、旋动凸轮机构装配与调试操作

1. 注意事项与工作提示

1）读懂并按照车间的安全标志行事。

2）穿好实训鞋服、佩戴防护眼镜。

3）零件各边去毛刺。

4）装配前准备工作应充分，合理选择标准件。

5）装配与调试遇到问题，不能野蛮操作。

2. 旋动凸轮机构的装配与调试

1）参考编制的装配与调试工艺卡，完成旋动凸轮机构的装配。

2）完成旋动凸轮机构的调试。

五、专业拓展

凸轮机构主要作用是使从动杆按照工作要求完成各种复杂的运动，包括直线运动、摆动、等速运动和不等速运动。凸轮机构结构紧凑，适用于要求从动件做间歇运动的场合。生活中常见的凸轮机构有缝纫机、补鞋机、电动打气泵、发动机中的配气系统、车辆走行部分的制动控制元件等。

当凸轮机构用于传动机构时，可以产生复杂的运动规律，包括变速范围较大的非等速运

动,以及暂时停留或各种步进运动;凸轮机构也适宜于用作导引机构,使工作部件产生复杂的轨迹或平面运动;当凸轮机构用作控制机构时,可以控制执行机构的自动工作循环。因此凸轮机构的设计和制造方法对现代制造业具有重要的意义。

六、延伸阅读

大国工匠系列——艾爱国:我国焊接领域的领军人物,工匠精神的杰出代表。艾爱国秉持"做事情要做到极致、做工人要做到最好"的信念,在焊工岗位奉献50多年,集丰厚的理论素养、实际经验和操作技能于一身,多次参与我国重大项目焊接技术攻关,攻克数百个焊接技术难关。

艾爱国是爱岗敬业的榜样,以"当工人就要当好工人"为座右铭,在普通的岗位上勤奋学习、忘我工作,为党和人民做出了重要贡献。从进厂那天起,他白天认真学艺,晚上刻苦学习专业书籍,长期勤学苦练,系统地阅读了《焊接工艺学》《现代焊接新技术》等100多本科技书籍,掌握了较扎实的专业理论知识,练就了一手过硬的绝活。1982年在湘潭市锅炉合格焊接考核中,他以优异成绩取得气焊、电焊双合格证书,成为全市第一个获得焊接双合格证书者。此后,他更是带头进行生产技术攻关,克服一个又一个难关,创造了一个又一个奇迹。1983年,艾爱国参加了冶金部为延长高炉风口的使用寿命,组织全国各大钢铁厂研制一种新型风口的攻关。这种新型风口是纯铜锥形体,质量超过100kg,由铸件和锻件组成。纯铜焊件散热快,温度不易掌握,是最难焊的一种金属,加之焊件大,铸件、锻件的材质结构不同,因此,铸件和锻件的焊接成了攻关的最大难题。他大胆提出采取氩弧焊接法进行焊接攻关,并担任主焊手。经过几个月的反复焊接,于1984年3月研制成功,安装到高炉上,使寿命比原风口延长半年,每年节能增效100万元,此项目获得国家科学技术进步奖二等奖,他是9名获奖人员中唯一的工人。他认真总结这次焊接成功的经验,写成论文《钨极手工氩弧紫铜风口的焊接工艺》,以后又在深入钻研基础上写出《紫铜氩弧焊接操作法》,比较全面地介绍了各种情况下紫铜焊接的方法。1985年又攻克了氩弧焊铝及铝合金的难关,撰写了论文《钨极手工氩弧焊铝及铝合金单面焊双面成型工艺》,还带领17名焊工成功焊接了从德国引进的一台制氧机所有管道的多道焊缝,受到德国专家极力称赞。

个人主要荣誉:2021年"湖南省道德模范"称号(敬业奉献类)、2021年"七一勋章"、2021年获"第八届全国道德模范"(全国敬业奉献模范)称号、2021年"大国工匠年度人物"。

参 考 文 献

[1] 李招应，刘振昌. 金工实训 ［M］. 北京：国防工业出版社，2013.

[2] 刘江. 机械加工实训 ［M］. 北京：高等教育出版社，2018.

[3] 熊越东，徐忠兰. 机械零件的手动加工 ［M］. 北京：机械工业出版社，2013.

[4] 梁胜龙，孔茗. 车工工艺与操作基础教程 ［M］. 北京：中国铁道出版社，2015.

[5] 张晓琳. 铣削加工技术 ［M］. 北京：机械工业出版社，2015.

[6] 刘霞. 金工实习 ［M］. 北京：机械工业出版社，2009.

[7] 董晓冰，于向和，隋秀梅. 零件的手动工具加工 ［M］. 北京：机械工业出版社，2017.

[8] 夏华生，王其昌，冯秋官. 机械制图 ［M］. 北京：高等教育出版社，2004.